知识溢出、产业集聚

与区域技术创新生态环境提升研究

黄志启◎著

中国水利水电出版社

www.waterpub.com.cn

·北京·

内 容 提 要

本书从知识溢出为起点研究产业集聚、产业集群形成、市场规模扩大、区域技术创新生态环境变化以及提升，讨论了知识溢出对产业集聚、产业集群的构成分布以及发展的影响，分析了知识溢出对产业集群中的企业技术创新活动的影响及作用，通过模型和实证分析知识溢出效应，以及在产业集群发展不同的阶段，集群企业的技术创新策略选择；研究了产业集聚促进市场规模扩大以及对区域技术创新生态环境的影响，以及如何提升技术创新生态环境。

本书旨在从技术创新和生态学的视角来揭示产业集群创新生态系统的结构及其进化机制，并探索区域技术创新生态环境治理机制，以期为提高产业集群的创新能力和治理能力提供借鉴参考。

图书在版编目（CIP）数据

知识溢出、产业集聚与区域技术创新生态环境提升研究 / 黄志启著. -- 北京：中国水利水电出版社，2017.2（2022.9重印）
ISBN 978-7-5170-5192-3

Ⅰ. ①知… Ⅱ. ①黄… Ⅲ. ①知识创新－研究②产业经济学－研究③区域经济－技术革新－生态环境－环境综合整治－研究 Ⅳ. ①G302②F062.9③F061.5④X321

中国版本图书馆CIP数据核字 (2017) 第030809号

书　　　名	知识溢出、产业集聚与区域技术创新生态环境提升研究 ZHISHI YICHU CHANYE JIJU YU QUYU JISHU CHUANGXIN SHENGTAI HUANJING TISHENG YANJIU
作　　　者	黄志启　著
出版发行	中国水利水电出版社 （北京市海淀区玉渊潭南路 1 号 D 座　100038） 网址：www.waterpub.com.cn E-mail: sales@waterpub.com.cn 电话：（010）68367658（营销中心）
经　　　售	北京科水图书销售中心（零售） 电话：（010）88383994、63202643、68545874 全国各地新华书店和相关出版物销售网点
排　　　版	北京亚吉飞数码科技有限公司
印　　　刷	天津光之彩印刷有限公司
规　　　格	170mm×240mm　16 开本　17.5 印张　225 千字
版　　　次	2017 年 5 月第 1 版　2022 年 9 月第 2 次印刷
印　　　数	2001—3001 册
定　　　价	52.00 元

前　言

在我国实现产业升级和经济结构转型的过程中,经济发展在相当程度上将由知识、技术和创新环境联合推动。知识技术具有溢出性,这样特性在一定程度上会带来产业集聚效应,形成不同的产业集群。技术创新能力不足是我国产业集群升级的最大瓶颈,如何围绕完善创新价值链来构建良好的区域技术创新生态系统是提高产业集群创新能力的重要路径。本书从知识溢出为起点研究产业集聚、产业集群形成、市场规模扩大、区域技术创新生态环境变化以及提升。讨论了知识溢出对产业集聚、产业集群的构成分布以及发展的影响,分析知识溢出对产业集群中的企业技术创新活动的影响及作用,通过模型和实证分析知识溢出效应,以及在产业集群发展不同的阶段,集群企业的技术创新策略选择;研究了产业集聚促进市场规模扩大以及对区域技术创新生态环境的影响,以及如何提升技术创新生态环境。旨在从技术创新和生态学的视角来揭示产业集群创新生态系统的结构及其进化机制,并探索区域技术创新生态环境治理机制,以期为提高产业集群的创新能力和治理能力提供借鉴参考。

目　录

第一章　区域技术创新生态环境问题的提出

第一节　研究背景与意义

一、研究背景

本研究选题主要背景有三个方面:一是知识经济时代的到来,知识作为经济增长的内生变量,逐渐发挥着重要的作用,区域或国家之间的经济角逐日益表现为知识技术之间的较量,其中技术创新、知识共享、知识溢出、知识吸收利用成为经济发展的内在动力源泉,日益成为经济学、管理学等学科的研究焦点。二是企业商业竞争模式发生变化,企业商业竞争模式由传统的单个企业之间竞争转变为产业集群之间的竞争,由经济个体之间的点状竞争发展为区域经济体之间的块状竞争。三是技术创新与区域创新生态环境关系密切,产业集聚带来地方市场规模的扩大,市场规模的扩大直接影响着区域创新生态环境变化,进一步决定区域企业技术创新选择战略。

(一)技术创新、知识溢出和知识利用日益重要

知识经济是指建立在知识和信息的生产、分配、共享和利用基础之上的经济发展模式。在知识经济时代,知识是唯一不遵循生产要素收益递减规律的要素,逐渐成为企业的利润源泉.是提高企业生产率和竞争力的决定性因素。企业需要重视创造知识、获取知识和利用知识,实施有效地知识管理,才能在日趋激烈的市场竞争中获胜。

知识的创造和使用能够降低企业成本,由于知识资源具有可复制、边际报酬递增等特性,逐渐使传统的资本、能源、劳动力等生产要素失去其主导地位。知识资源成为创新的首要战略因素,专有技术、产品品牌、知识型员工等已经成为企业最重要的战略资源,是企业发展核心竞争力的主要基础。企业如果通过知识资源建立竞争优势,需要善于进行知识创新和获得知识资源。

对企业知识优势的探讨来自 20 世纪 80 年代美国战略管理学派对企业竞争优势来源的重新思考,其竞争优势不仅来自于外部的市场环境,更重要的是依赖于企业拥有或长期积累下来的内部独特资源。Grant(1996)提出企业是一个知识集成机构,并认为知识是一个组织最重要的战略资源。另外,改变企业物质资源产出的关键是人力资源的素质,决定人力资源素质的关键是人力资源在开发物质资源时拥有的知识和技能,因此,人力资源的知识化水平和专业技能是企业拥有异质资源的关键变量。知识优势是企业竞争优势的前提和内在本质,只有真正拥有知识优势,并不断进行知识创新的企业才可能拥有持久的竞争优势。

企业内部知识共享与集群网络环境中的功能协作有关。知识在企业间的流动是通过由信用推进的互动活动展开的,而信用的基础则是由很多因素构成的,其中一种很重要的因素就是信誉,企业所享有的信誉对其知识生成和知识共享关系的形成具有重要的作用。很多研究人员,特别是专门从事以社会网络视角研究企业关系中知识共享的研究者都接受这样一种观点:知识交流促进网络中各种性能的进步,企业之间可以相互学习,彼此可以从企业外部生成的知识中受益。

(二)产业集群竞争模式的变化

传统企业的商业模式是将个体企业视为最主要的竞争载体,商业竞争在单个企业之间展开。历史上许多有名的大公司,在传统商业模式时代追求向前或向后一体化,企业试图占有该产业的全部产业链。然而,20 世纪下半叶以来,随着经济全球化发展趋势的日益明显,传统商业模式的弊端表现得更加突出,越来越多的企业改变了传统的纵向垂直一体化的管理模式,逐渐对企业一些非核心能力的经济活动进行外包。现在很少有企业力争创建垂直供应链并对之进行管理,相反,他们将重点放在如何更好地创造紧密连接的虚拟网络。于是,一种全新的集群网络型商务模式逐渐出现,在集群网络型商务模式中,集群网络由一系列的"节点"和"经济链条"连接起来,从而便形成产业集群,在集群中每一个节点包含特定能力或资源的来源,每一根经济链条是指可以使这些能力和资源应用并在市场中创造价值的通道和界面。

在集群网络型商务模式中,各个节点之间的经济链条联系并非简单地通过所属关系来实现,更主要的是通过集群企业之间的信息知识共享关系和信任合作关系来实现。信息知识可以通过集群网络内的利益相关者,例如,客户、供应商和员工等之间紧密的联系来获取,然而,仅仅作为集群网络中的一员,如每个企业那样,还不足以表明知识会自动流入某一家企业内部。

有关集群网络型商务模式的研究关注更多的是集群网络价值,集群网络价值是通过网络中主要成员以及客户对该网络综合知识、能力和资源的利用而产生的。集群网络的价值是建立在集群内部各个主体之间的联系能力和资源供给者的供给能力基础之上,如果对集群网络中利益相关者的行为管理不善,可能会严重影响集群内每一个企业的风险预测。企业对集群网络的涉足越深,其对其他网络成员在知识及其他资源的依赖就越多,因为存在着这种依赖性,重要企业也存在着其信誉可能会被其他网络成员的行为所损坏的危险,在这种情况下,企业又会减少未来同其他企业合作和知识共享的可能性。在关键网络界面没有妥善处理的条件下企业的信誉风险问题表现得尤为突出,因此积极地对集群网络中利益相关者直接进行管理,会降低集群企业风险和促进企业之间的知识共享。

随着企业商业模式的转变,从单个企业竞争到集群网络竞争,企业信誉风险也由单个的企业风险逐渐转移为集群各企业的集群风险。集群网络的关键界面和知识共享利益关系是构建产业集群的基础,是创造集群企业互助合作和知识共享的重要因素。在集群网络竞争过程中,集群企业需要对集群网络中连接各成员的界面进行积极有效的管理,以及对集群网络中的知识适时进行更换和调节。

(三)区域技术创新生态环境的变化

改革开放以来,蓬勃兴起的产业集群已成为我国许多行业发展的重要空间载体和组织形式,成为中国产品跃居世界前列、跻身工业大国、部分产业国际竞争力快速提升的重要"奥秘"之一。但是经过 30 多年的发展,我国的产业集群仍处于发展的初级阶段,还属于走低端道路的成本型产业集群,依然存在一些突出问题:产业集群在向价值链中高端环节攀升过程中,面临多方激烈竞争挤压;关键企业、龙头企业实力较弱,"散、乱、小"情况比较普遍;经营粗放,外延式扩张的矛盾日益凸现;创新能力不足,低水平重复竞争突出;生产性服务业发展滞后,交易成本高;地区分割和行业壁垒制约了产业集群升级。

一方面,准确把握产业集群的行业特点、发展瓶颈和演变规律,促进产业集群升级,提升产业集群的国际竞争力,是我国实现工业大国向产业强国转变的必经途径。另一方面,从产业技术看,创新能力不足、技术水平较低是我国各行业产业集群升级的最大瓶颈。因此,如何提高产业集群的创新能力,是推动我国产业集群转型升级过程中亟待解决的一个重要问题。

技术创新不同于发明,技术创新是一个新技术成为新产品、新产业的实现过程,是一根完整的链条,产业创新需要一个完整的生态系统。美国竞争力委员会提交的《创新美国》研究报告指出,21 世纪初的创新,出现了一些不同于 20 世纪创新的新变化,创新本身性质的变化和创新者之间关系的变化,需要新的构想、新的方法,企业、政府、教育家和工人之间需要建立一种新的关系,形成一个 21 世纪的创新生态系统(innovation ecosystem)。

企业创新往往不是单个企业可以完成的功绩,而是要通过它与一系列伙伴的互补性合作,才能打造出一个真正为顾客创造价值的产品,一项好的创新项目如果没有其他企业配套知识的支持,创新就会被延迟以至于丧失竞争优势,这就是区域技术创新生态系统的内涵。

可以看出,与自然界的生态系统相类似,区域技术创新生态系统是在一定区域范围内,创新种群之间相互作用以及创新种群与创新环境之间相互影响所形成的有机整体。区域技术创新种群主要由各类企业、中介、科研机构等组织构成,而创新环境则主要由经济、技术、文化等要素构成。各种区域技术创新种群与其创新环境互相依存和促进,形成一种良性的区域技术创新生态循环系统,贯穿于创新的整个动态过程之中。而在这个过程中的各个环节都有可能成为制约创新效率的瓶颈,因此,如何围绕完善技术创新价值链来构建良好的区域技术创新生态是提高产业集群创新能力过程中无法回避的一个问题。

二、研究意义

(一)理论意义

在文献综述中发现,第一,学术界目前对产业集群研究主要从三个层面展开:一是宏观层面的产业集群分析,主要从国家和地区层面考察产业集群的空间分布、区位选择以及战略发展等问题,如韦伯工业区位、克鲁格曼经济地理学等;二是中观层面的企业集群分析,主要研究整个集群的产业联系与竞争合作关系等;三是微观层面的集群内部企业分析。但是关于微观层面的研究较少,更多的研究停留在宏观层面和中观层面,这主要是因为在这两个层面,研究数据比较容易获得,而微观层面的数据较难获取。

第二,关于知识溢出及其效应的研究主要从以下两个层面展开:一是从宏观层面探讨知识溢出对城市的生产力和城市发展规模的影响作用,研究涉及知识溢出与城市聚集经济、城市规模发展及产业发展的关系和相互影响;二是从微观层面讨论知识溢出效应,重点研究知识传播机制,知识溢出与网络、空间距离及技术创新之间的互动关系。从文献研究中发现,关于知识溢出、经济增长的模型中知识的生产与利用是经济增长的发动机,是知识溢出效应研究的焦点。

第三,文献整理还发现:一是关于知识溢出与产业集群的研究也较多,但是从知识溢出的视角分析产业集群发展的研究并不多,特别是在揭示产业集群发展核心因素的研究较少;二是关于知识溢出和集群企业技术创新行为的研究同样较少,尤其是在微观层面上研究知识溢出与集群企业衍生、企业知识存量变化、企业技术创新选择、企业技术创新成果吸收能力以及集群企业技术创新环境构建等方面的研究并不多。

第四,本书以知识溢出、产业集群与区域技术创新生态环境为研究对象,旨在揭示区域技术创新生态系统的结构及其运行机理,进而提出一套适合我国区域技术创新生态系统治理的模式,以期为提高我产业集群创新能力、推进我国产业集群转型升级提供理论指导和实践借鉴。

(二)现实意义

在知识经济时代,产业集群,特别是高科技产业集群已经成为一个国家或地区经济发展的引擎。在产业集群中,技术创新、知识共享、知识传播、知识溢出所创造出的生产力已经主导着国家甚至全球经济发展的方向。由于信息科技革命与全球化趋势的深化,使得企业、产业以及国家、地区通过传统的物质资本投资所形成的竞争力正在发生变化,知识要素的生产、积累、扩散、应用与增值所产生的动态竞争力,逐渐取代了传统的土地、资本、劳动力等要素所形成的竞争力。产业集群的知识价值链如图1-1所示。

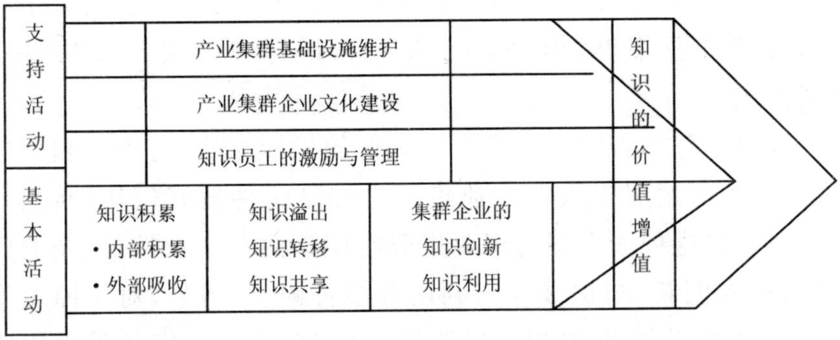

支持活动	产业集群基础设施维护			知识的价值增值
	产业集群企业文化建设			
	知识员工的激励与管理			
基本活动	知识积累 ·内部积累 ·外部吸收	知识溢出 知识转移 知识共享	集群企业的 知识创新 知识利用	

图 1-1　产业集群的知识价值链

　　一个国家或地区的创新系统、知识分配能力及知识获取及利用能力越来越成为这一国家或地区经济增长与国家竞争力的关键因素。为了抢占国际竞争的制高点,各国各地区特别是发达国家和地区,高度重视发展高科技含量、高附加值和高竞争力的高技术产业,不断发展和完善各自的创新体系以图主导经济发展的方向,各国发展高科技产业空间集聚的趋势日益明显,成功的高科技产业集群都有区位的烙印。

　　产业集群的形成主要有这样两种主要方式,一种是自发形成的原生型(内生型)的产业集群,一种是借助外部动力形成的嵌入型(外生型)的产业集群。在这个经济竞争的时代,中国同样面临上述问题,各地方政府都应大力发展自己的产业集聚区,促进产业集群的发展。

　　中国产业集群发展的现实是:(1)原生型的产业集群形成时间较晚,集群发展时间较短,集群内在若干机制并不成熟和健全,集群企业之间的关系不健康,信任合作关系不成熟,集群整体水平不高,处于产业集群发展的初级阶段;(2)为了赶上发达国家或发达地区,中国各个地方政府积极推进本地产业集群建设,当前存在着大量的这种政府主导的嵌入型产业集群,在这种外力主导产业集聚中有成功的案例,但是更多的只是一种简单的产业聚集,聚集体内的各个主体之间的关系并不紧密,互补性不强,不能发挥集聚效应;(3)中国的高科技产业集群发展滞后,高科技产业集群数量少、水平低,已经存在的产业集群更多的是低端的制造业产业集群,停留在生产加工制造的层面,当然有一些政府主导的高科技产业集群,但是在其发展和运行中的实际效果并不理想。

本研究并不否定嵌入型产业集群的发展方式,对于赶超型的经济体而言,发展嵌入型产业集群也许是一种较好较快的途径,但是在发展这种嵌入型的产业集群时应该注意产业选择、企业协调性、技术创新、知识吸收与利用等多种因素;另外,对于原生型的产业集群,当其发展到一定阶段,也需要借助一定的外部因素促进集群内部机制的发展和健全。正是基于上述分析和考虑,本研究从技术创新和知识溢出的角度分析产业集群的区位选择、发展形态,研究知识溢出和产业集群中企业知识存量变化、技术创新策略选择、技术创新成果吸收以及区域技术创新生态环境的构建等问题,试图对中国的产业集群发展和产业集群中企业技术创新策略选择进行理论解释和对现实中产业集群的发展有所启示。

第二节　研究对象与方法

一、研究对象

(一)研究对象的概述

本书的第一部分研究对象是以知识溢出为研究切入点,分析知识溢出和产业集群发展及集群企业技术创新行为之间的相互关系。论文首先分析技术创新、知识溢出对产业集群区位分布和发展形态的影响,说明知识溢出是产业集群发展的核心因素;其次,详细讨论产业集群中的知识溢出现象对企业衍生发展、企业知识存量变化、企业技术创新策略选择、企业技术创新成果吸收的影响;最后,思考产业集群中企业技术创新环境的构建问题。论文围绕技术创新、知识溢出、产业集群发展、企业知识存量变化、企业技术创新策略选择、企业技术创新成果吸收等关键词展开,试图解释在知识溢出的情况下,企业是否选择进入产业集群、进入产业集群后企业是否选择进行技术创新以及企业如何对技术创新成果进行利用和产业集群技术创新环境的建设等问题。

本书的第二部分主要研究了产业集群技术创新生态系统的自组织进化机制以及协同创新的演化博弈模型,研究了产业集群技术创新生态系统组织成员间的竞争协同进化机制、共生协同进化机制和捕食协同进化机制,并给出了平衡条件。进而构建了基于多中心治理理论的产业集群技术创新生态系统治理结构模型,指出各治理主体的功能定位,并分别从约束机制、激励机制和协调整合机制三方面来研究产业集群技术创新生态系统的治理机制。

本书综合运用生态学理论、协同理论、博弈论等理论和方法,系统研究了产业集群技术创新生态系统的结构、进化机制和治理机制,研究成果有利于进一步完善集群创新网络系统,提高产业集群的创新绩效;有利于进一步规范地方政府的行为,提高地方政府的集群治理能力;有利于丰富和完善创新管理理论,为制定科技管理政策提供参考。

(二)基本概念

关于知识溢出、产业集群、企业技术创新行为的研究具有多学科性性质,在不同的研究视角下,对于相关概念的理解和界定不尽相同,为了避免本研究引起歧义和研究的方便,本研究对接下来的研究中出现的重要概念进行统一界定。

1. 知识(knowledge)的内涵

综合考虑众多学者对知识内涵的理解,本研究采用 Davenport 和 Prusak(1999)对知识的定义:知识是结构性经验、价值观念、关联信息及专家见识的流动组合。知识产生于并运用于知者的大脑里,在企业结构里,知识往往不仅仅存在于文件或文库中,也根植于企业机构的日常工作、程序惯例及规范之中,知识为评估和吸纳新的经验和信息提供了一种结构框架。知识的构成及特征如表1-1所示。

表1-1　知识的构成及特征

构成	特征	意会的	成文的
假设	发现、记录和维护	是	是
判断	自行提炼并检测	是	
经历	提供历史依据	是	是
文稿	便于心智表达,指导人们思考,排除可能导致错误的方法和途径	是	
规则	对现状提出有效分析并依据经验提出解决方法	是	是
标准和价值观	分工决策的基本依据	是	
观念	企业文化的灵魂	是	是
技巧	经过岁月磨炼出来的能力	是	是

2. 知识溢出(knowledge spillovers)

本研究采用知识溢出的广义概念,把知识的主动和非主动(非自愿)的溢出都称为知识溢出。由此得出知识溢出的内涵是在一定社会环境中,企业或组织的一种非目标行为结果,知识接受者获得外部知识,却没有给予知识的提供者以补偿,或者给予的补偿小于知识创造的成本,是知识扩散过程中的外部性,是知识提供者没有享受全部收益,接受者自觉或不自觉地没有承担全部成本的现象。

3. 产业集群(industrial cluster)

关于产业集群的一般定义是指集中于一定区域内,特定产业的众多具有分工合作关系,不同规模等级的企业及与其发展有关的各种机构、组织等行为主体,通过纵横交错的网络关系紧密联系在一起的空间积聚体,代表着介于市场组织和科层组织之间的一种中间性的企业网络组织形式和新的空间经济组织形式。

本研究对产业集群的界定是认为产业集群是一种社会经济实体，它的特点是一定的社会群体和一定量的经济主体落户于地理位置紧邻的特定区域。产业集群内，社会群体与经济主体之间的关系是在相关的经济活动中协同运作，共同创造市场需求的优质产品和服务，分享彼此的产品、存货、科技以及组织知识。产业集群内各主体间的互动不是随意的，而是具有很强的目的性，这也是集群企业竞争成功的决定因素之一。对于产业集群中产业的界限，本研究无特别规定，凡是建立在专业化分工基础上形成的产业或行业都属于本研究的研究范围，本研究所研究的产业集群包括传统产业集群及各种高新技术产业集群。

4.企业行为

一般而言，企业行为可以分为价格行为和非价格行为，企业的价格行为在产业经济学中已经进行了充分的研究和论证。企业的非价格行为主要是指企业的知识获得、企业治理、获得市场租金、技术创新等行为。本研究探讨的主要重点是知识溢出背景下产业集群中企业的产生发展、企业知识流失或获取、企业技术创新策略选择以及知识利用等非价格行为。

5.市场规模

市场规模对企业商务成本来说有着重要的影响。一般来说，市场规模越大，企业获得溢出效应与规模经济的可能性越大，企业商务成本越低。对于企业而言，单独为一个消费者或厂商提供服务的生产成本往往太高，但大量的消费者或厂商的集聚却可以达到规模生产的要求，一旦实现规模经济，企业的生产就会具有效率，成本就会大幅度下降，从而产生更多的有效需求，进一步扩大市场规模，形成正向的本土市场效应。

6.技术创新生态系统

企业创新往往不是单个企业可以完成的功绩，而是要通过它与一系列伙伴的互补性合作,才能打造出一个真正为顾客创造价值的产品,一项好的创新项目如果没有其他企业配套知识的支持,创新就会被延迟以至于丧失竞争优势,这就是创新生态系统的内涵。可以看出,与自然界的生态系统相类似,创新生态系统是在一定区域范围内,创新种群之间相互作用以及创新种群与创新环境之间相互影响所形成的有机整体。

二、研究方法

(一)历史研究方法

指对与本研究所涉及理论观点相关的已有研究成果进行收集、整理、阅读、评判及引用,其一,本研究通过文献梳理对知识溢出相关研究做了详细的回顾和评析,针对已有文献研究的不足,重点述评了知识溢出实证研究,并介绍了国内外最新研究动态,为进一步研究知识溢出做出铺垫;其二,本研究对关于产业集群文献研究重点分析产业集群的目的性,对产业集群的研究脉络、概念界定、生命周期以及最近研究进行述评;其三,对与知识溢出、产业集群和集群企业技术创新行为的相关研究进行归纳评价;其四,在文献综述的基础上对国内外研究进行评论,指出其进一步研究方向,提出本研究研究的分析框架和主要内容。

(二)模型推演方法

本研究借鉴工作搜寻模型的思想建立模型对衍生企业的厂址选择进行推导,说明衍生企业将选择在产业集群中设厂,企业面对产业集群中强烈的知识溢出效应,将带来企业知识存量的变化,企业将做出如何选择;对产业集群中企业是否开展技术创新活动,利用博弈理论,建立和扩展集群企业技术创新选择博弈模型,分析集群企业技术创新策略选择。

(三)规范与案例相结合

研究通过规范研究分析集群企业面对产业集群中的知识溢出,是否选择进入集群,进入集群后是否进行技术创新,企业技术创新策略选择,然后是集群企业对外部知识进行吸收利用,以及集群企业技术创新环境的构建;在案例分析中,通过实地调研,发现现实问题,用规范研究中的理论和结论解释现实状况,并对规范研究得出的结论进行证明。

第三节 研究思路

本研究详细地对国内外关于知识溢出、产业集群及集群企业技术创新行为的研究进行了综述,特别是针对本研究即将研究的内容做了详细述评。文献述评试图解决本研究的研究意义和目的,提出本研究的具体问题和研究方向以及其理论基础。从技术创新、知识溢出的角度分析产业集群的结构、联结因素、区位选择和发展形态,这是本研究正式研究的开始,在分析技术创新、知识溢出和产业集群发展关系中,提出知识溢出是产业集群发展的核心要素,为接下来的研究进行理论铺垫。具体分析知识溢出和产业集群中企业的技术创新行为,选择了集群企业衍生、知识存量变化、技术创新策略选择、技术创新成果吸收等具体内容作为论文的分析对象。一是分析知识溢出对衍生企业的形成、发展与生存的影响,说明企业衍生发展与知识溢出的关系,通过模型分析知识溢出对衍生企业的现有知识存量的影响;二是通过对集群企业技术创新行为的动力和影响因素的分析说明知识溢出是影响企业技术创新行为的重要因素,对集群企业技术创新策略选择进行博弈分析得出相关结论,并进行案例分析;三是企业技术创新成果吸收,分析如何提高集群企业技术创新成果吸收能力。

接下来,本书主要研究了产业集群创新生态系统的自组织进化机制以及协同创新的演化博弈模型,研究了产业集群创新生态系统组织成员间的竞争协同进化机制与共生协同进化机制,进而,构建了基于多中心治理理论的产业集群创新生态系统治理结构模型,指出各治理主体的功能定位,并分别从约束机制、激励机制和协调整合机制三方面来研究产业集群创新生态系统的治理机制,最后提出提升区域技术创新生态环境的建议措施。

第二章　知识溢出、产业集群与创新生态环境研究回顾

有关技术创新、知识溢出与区域经济发展的研究一直是当代经济学和管理学的核心问题,随着知识经济时代的到来,技术创新、知识技术成为区域和企业获得竞争优势的主要源泉,知识型产业集群成为区域经济增长的支柱,技术创新、知识溢出、产业集群的作用可以从一个侧面解释区域经济增长和收敛的过程,日益成为理论与实践的焦点。

第一节　知识溢出研究回顾

技术创新过程和人力资本溢出过程在最近十几年中一直是知识溢出实证研究的主题。Romer(1986,1990)在其经济增长模型中最初认为知识是人力资本积累到一定水平的一般溢出,后来将知识模型转化为非竞争性知识积累溢出和竞争性创新知识溢出,改进后的经济增长模型把知识积累和知识溢出作为经济增长的内生基础。Lucas(1988)建立的经济增长模型中认为知识溢出具有空间地域性,能够促进城市的发展,是城市发展过程的组成部分,而且正是城市的进步推动了国家经济增长。Jaffe、Henderson 和 Tratjenberg(1993)则从知识传播空间衰减性的视角去分析知识溢出效应,他们关于专利著作引文的实证性研究指出有关专利著作来源的引文具有空间衰减趋势,也叫作知识的空间衰减性。Lamoreaux 和 Sokoloff (1999)在关于 19 世纪美国专利市场的历史研究中也支持这个概念。

从文献研究中发现,关于知识溢出、城市发展、经济增长的模型中城市发展是经济增长的发动机,是知识溢出效应研究的焦点。本研究首先从知识溢出的宏观效应角度,评述其在促进生产

力提高和城市规模扩大及城市产业发展的作用,其次分别从网络化理论、空间研究、R&D 理论的角度讨论知识溢出的微观作用,通过对最近十几年以来相关文献或观点的述评,从宏观和微观的角度辨别知识溢出的效应,最后针对研究现状提出进一步研究方向。

一、宏观角度的研究

从宏观层面探讨知识溢出对城市的生产力和城市发展规模的影响作用,这涉及了知识溢出与城市聚集经济、城市规模发展及产业发展。知识溢出与城市发展之间关系密切,研究发现知识溢出能够促进城市的发展,城市发展反过来又为知识溢出提供更加适宜的环境,由此产生知识溢出效应和城市聚集经济效应,在一般的研究中难以把二者区分出来。

(一)知识溢出效应与城市聚集经济

Krugman(1991)最早进行了一系列有关城市集聚的研究。Glaeser、Scheinkman 和 Shleifer(1995),Rauch、Glaeser 和 Mare (2001)的研究表明在一个城市里,不同的知识水平和城市工资呈相关关系,Duranton 和 Puga(2004),Abdel-Rahman 和 Anas (2004),以及 Rosenthal 和 Strange(2004)关于城市研究的实证性研究验证了 Marshall 的知识溢出、劳动力市场经济以及社会投入分配等概念,这些研究评估了知识水平对城市发展的作用,没有很好地区分知识溢出效应和城市集聚经济效应,过多强调知识溢出的作用而忽视了城市聚集经济效应,产生了一些实证性偏差。例如 Moretti(2004)关于城市知识溢出效应的研究。

Moretti(2004a)通过改变市区里受过大学教育人数的百分比和控制从事本专业工作的人员的教育水平,研究了 1982—1992 年这些变化对生产率增长的影响,发现受过大学教育的人数每增长 1%,生产力就会提高 0.6%～0.7%,在高科技产业生产力提高更大,同时发现:位于市区内的产业与经济联系越密切,收益就越多,而那些与经济关系不大的产业正好相反。接下来 Moretti(2004b)研究受过大学教育人数的变化对城市工资增长的影响,结果发现该人数每增长 1%,他们的工资仅增长0.4%,而那些低学历者的工资竟然增长了 1.6%~1.9%,学历低的工人收益竟然更多,但文中没有给出合理解释。研究还发现高技能的工人可能集聚在非常重视他们的地区,因此对高技能的部分回报是对未被观察的能力的一种回报。

本专科生人数的相对变化与城区规模和市区范围的扩大呈正相关(Glaeser 和 Saiz,2004),本专科生的人数变化也可能引起集聚发生变化,而在 Moretti 的研究中没有控制任何集聚作用,由于没能区分知识溢出效应和城市集聚经济效应,所以对研究中出现的疑问无法给出解释。

Rosenthal 和 Strange (2005)在区分了集聚经济和知识溢出效应情况下,研究知识的空间衰减性。通过研究受过和没受过大学教育的总人数的变化分别对人员工资的影响,结果发现空间衰减效应在 5 公里以外很明显。对于那些整体规模相同(除了受教育水平)的城市,每 5 万没有上过大学的工人转变成其中有上过大学的工人,他们的工资大约要增加 10%。由于研究的是教育水平对工资水平产生的作用,所以关注的重点是:教育措施和生产力的联系,及教育措施在这种相互联系中的不能被观察到的作用。然而,这些方法没有清楚地划分高水平技能和低水平技能。

Ciccone 和 Peri (2006)反对研究工资变化方法,他们从劳动力供给和需求关系研究,认为需求是科技规范和高、低技能人员间的相互作用,高技能人员的增加会产生要素需求效应,对高技能人员的引申需求就会减少;高技能人员通过普通要素替代效应可以提高低技能人员的生产力,这种效应有助于解释为什么 Moretti 发现低技能人员从增加高技能人员的过程中收益大于高技能人员。这个结果把知识溢出效应和要素需求效应联系了起来,它可能和知识积累没有关系,没有找到人力资本溢出效应的证据,但是却证明了集聚经济效应,表明完全有必要区分知识溢出效应和城市集聚经济效应。

(二)教育水平与城市规模发展

Black 和 Henderson(1999)根据人力资本的外部效应建立了城市内生增长过程模型,用以区别人力资本外部效应和区域性知识溢出效应。研究证明在稳定状态下,假设所有城市都是以相同的速度发展,如果城市类型不同,人力资本类型、教育水平、名义收入和生活费用等也还是有差异的。Rossi-Hansberg 和 Wright(2006)简化了这个模型,得出相似的研究结论。Duranton(2007)把显性创新和专利创新引入 Grossman-Helpman(1991)模型研究城市进化和发展的基础。Mary O'Mahony 和 Michela Vecchi(2009)运用取自美国、英国、日本、法国和德国的公司账目分析了无形资产和生产力之间的关系,研究将公司的数据与有形和无形的投资及劳动力技能组成的信息联系在一起,并对数据运用两种不同的分类法进行了汇总,分析生产要素和技术密集在部门内对知识积累和创新活动的差异起着的决定作用,研究结果提供了技术创新和技术密集型产业具有更高生产率的证据,这可以作为知识溢出效应存在的证据。

不同于生产力研究文献里的观点,Glaeser 和 Saiz(2004)以经济发展文献的方法为基础,结合城市的人口供求关系、城市规模发展与生产力提高的联系,研究大学教育对城市规模发展的影响,研究表明在一个自由移民的城市里,由于教育水平相对提高,实际工资就相对增长,这引起了大量的人从其他城市迁移进来,在控制了许多基期的条件下,一个基期里的大学教育水平每增加一个标准差,城区规模就增加了 2.5%。

Henderson 和 Wang (2006)使用从 1960—2000 年每隔 10 年的一个关于 10 万多个城区的数据,把城市发展和国家教育水平联系了起来,研究了城市发展的基本因素,结果发现,随着城市规模发展越快,知识的作用就越强:在一个百万人口的城市,高中生的数量每增加一个标准差,城市的规模就会扩大 9%,如果是在250 万人口的城市里,这种作用就会上升到 17%。

但是在 Henderson 和 Wang(2006)的城市知识溢出研究中,没有区分出是教育的变化推动城市发展,还是基期教育水平的变化推动城市发展。对这个疑问的一种可能解释是:城市教育水平推动了知识积累和国家创新能力。另外,从知识的角度,城市规模发展是否仅仅只是科学知识和技术创新的作用,或者这些作用是否只包括管理创新和已有技术和生产要素的有效利用,在研究中没有清楚的表述。

Chia-Liang Hung、Jerome Chih-Lung Chou 和 Hung-Wei Roan(2010)通过对台湾地区市场上 53 个国立电信计划(NTP)项目及 63 个国家科学技术计划(NSTP)的产业技术创新经理的调查,结果表明,NSTP 成员素质和人员流动是人力资本的良好指标,与合作出版、合资经营、共享设备和设施的意向相比,企业主更倾向于共享技术创新资源;有更大的产学合作力度的参与者能够获得特殊优势,即通过特定 NSTP 联动效应从与其他更多的领域获取知识溢出,从人力资本和社会关系资产的角度,阐述了在政府科技政策和 NSTP 计划之内促进吸收来自良好的人力资本和知识外溢造成的关系资产能力的重要性。

C. R. Stergard(2009)实证性地考察企业员工和本地大学内无线通信领域的研究者之间的非正式接触的程度,分析了工程师从这些非正式的接触获得知识的特征。在高技术产业群内,从大学知识溢出到本地企业起着重要作用,与大学的研究人员合作正式项目的工程师在与大学研究者的非正式接触中获取知识的可能性更高。

(三)知识溢出与城市产业发展

知识溢出在大城市比在小城市里可能更有利于科技的发展和进步的观点引出不同规模的城市在经济中的作用问题。比如,为什么知识流动在大城市里比起在小城市里更加重要,特别是在那些发展中国家。在经济发展的不同阶段,密集性知识溢出和集聚经济对于城市不同的产业是否都非常重要。

Kolko(1999)的研究表明,1995 年美国最大的城市以商业服务性行业为主,而小城市和乡村地区主要以制造业为主,相反,在1910 年大城市制造业大量的分布,商业服务性行业只占很小一部分。历史上像纽约之类的大城市是制造业城市,密集的经济活动主要集中在铁路和码头入口处周围,1860 年服装业占了全市就业的 30%,而现在只占 1%,纽约成了一个金融中心和像广告业之类的商业服务中心,几乎看不出它的制造业历史。

在发展中国家大城市也已经转变完了它的角色,制造业开始以大城市为中心,然后以周围的郊区和城市远郊区为中心,最后又以乡村地区为中心。1983 年韩国的首尔、釜山和大丘占了这个国家制造业就业率的 44%,位于这些大城市之间的中间地带的卫星城市占了 30%,到 1993 年仅仅 10 年间,大城市制造业的就业率从 44%下降到了 28%,而卫星城市的就业率却未发生变化,可见制造业很大一部分转移到了乡村和小城市。这些变化部分由交通运输的发展引起,因为在发展中国家,依赖交通运输系统的制造业渐渐走出了大城市,并且慢慢地覆盖了整个农村。

另外,在经济发展的早期阶段,由于大城市是引进国外科学技术和外商直接投资的中心,所以现代制造业集中在大城市里。Duranton 和 Puga（2000）的模型证明,一旦国内生产者通过实验学会了国外的科技,学会了选择适合自己产品、适合自己员工技能和要素成本的知识,试验和学习国外技术的需求减少,制造业就将相对集中在土地和劳动力廉价的地区。同时,随着经济发展,商业和金融服务业得以相对的扩展,由于网络化和营销目的,从提高产业效率来说,这些行业集中在大城市就显得非常重要了。

二、微观角度的研究

一些国外研究文献从微观层面讨论知识溢出效应,重点研究了知识传播机制,知识溢出与网络、空间距离及技术创新之间的互动关系。知识溢出现象的存在已经被承认,对一些专门类型的知识而言,可以通过社会交流和专利引用及知识影响来追踪知识流和判断知识溢出效应,但是大部分用来检验知识与空间互动活动的推论是间接获得的,需要进一步从知识溢出机制、空间距离与知识溢出、技术创新活动与知识溢出等微观角度去研究知识溢出效应。

(一)知识和信息的传播机制

Jackson 和 Wolinsky(1996),Bala 和 Goyal(2000)通过研究网络间的知识共享方式分析知识溢出机制,研究认为在网络中通过联系双方的链接,甲乙双方可以直接连接,甲方可以直接或者进入乙方或其他双方联系的网络,再不考虑网络结构的情况下有两种知识共享形式:一种是付费方式,当甲方付出一定的成本时才可以进入乙方得到所需信息,此时信息交流是单方面非自愿的;一种是免费方式,网络由双方共同决定,如果信息在甲乙双方间交流,对于共享内容则双方都必须同意。但是何种类型的信息公司能成功的隐藏信息而且又能进行信息分享,如何对合同双方以外的第三方进行清晰信息共享设置,何种类型的信息因为附有第三方协议而不能完全分享? 总的来说,实证研究还没有真正回答这些问题,甚至会引发出更多的问题,实证研究取得一定进展的方面是基于完全不同的数据资料之上,而这些数据资料关注的是面对面交流和电子交流的作用,电子交流可以同时发生在任何距离之间而不受影响。

Gaspar 和 Glaeser (1997)提出信息可以隐藏在电子交流中,所交流的内容更加有策略性,对于读取信息者可以隐藏关键信息。还有观点认为面对面交流和电子交流是互补的,利用互联网时,电子信息列出了很多可能性的菜单,但是菜单仅为样品和评价,而其有用信息需要通过面对面交流来实现,实用性的电子信息越多,就需要越多的面对面的交流评价;但是如果面对面交流需要付出空间时间成本的话,那么使用电子交流也有明显间接的空间影响成分。

Duranton 和 Charlot（2006）通过研究关于信息交流方式的数据,考查了公司的职员信息交流,并没有发现能够支持这种假设的证据。Parenth 和 Lesage（2008）使用贝叶斯等级泊松空间相互作用模型对知识溢出进行了说明,将知识溢出重心从个体之间的知识溢出转移到区域之间的知识溢出,为进一步说明知识溢出的机制开辟了另一种方法。

Carmen López-Pueyo、María-Jesús Mancebón（2010）使用适当的技术理论与非即时溢出延伸的理论框架,使用非参数方法进行分析,探索信息和通信技术是发达国家的产业劳动生产率增长的源泉。得到的结果显示,高劳动生产率的增长速度主要是由于技术变革、资本集约化,而对溢出知识吸收速度的不同还不足以缩短新领域内既有的距离（不包括美国）;因此,需要刺激物质资本投资、鼓励创新、鼓励与时俱进的政策来助长劳动生产率,这将在 21 世纪为经济增长和社会进步发挥主导作用。

(二)知识溢出的空间影响

有关知识溢出的空间影响效应研究经历以下历程,Ciccone 和 Hall（1996）指出密集度在城市集聚中的关键作用,Lucas 和 Rossi-Hansberg（2002）已经对此进行了模型验证,Rosenthal 和 Strange（2003）在研究公司创立方式的基础上,分析了制造业活动中基本知识溢出的空间影响。文献研究表明地理信息系统和地理符号数据库的发展为检验知识溢出空间效应提供了更优的方法和手段,而且空间统计学和计量经济学的发展也致力于如何规范空间差的研究,分析知识信息因距离不同而产生的不同空间效应,同时把空间距离从社会距离中分离出来,因为经济活动间距离的增加不仅是空间距离的增加而且可能是社会和经济的距离的增加。从计量经济学方面看,主流计量经济学还没有完全理解数据库的空间关联思想的重要性,但是以提高估算效率的方式来解释空间关联的技术正在被一些空间研究工作所采用。Fisher等(2006)使用 1997—2002 年间 203 个区域的专利引用数量,利用空间面板模型验证了知识溢出导致的知识存量变化对相邻区域生产力差异的影响,证明知识溢出的生产力效应随着地理距离的临近而增强。

Adi Weidenfeld、Allan M. Williams、Richard W. Butler(2010)探讨位于英国康沃尔的主要景点间的知识转移,重点关注景点的空间聚集及其产品相似性的意义,研究建立在与两种截然不同的空间集群旅游景点管理人员和关键线人的深入访谈之上,结果表明,在本地和本区域范围内,空间距离的接近,产品相似性和市场的相似性在整体上促进知识转移与创新溢出效应。

Timothy C. Ford、Jonathan C. Rork(2010)使用工具变量的方法进行分析表明,美国各州的专利数随外商直接投资(FDI)的增加而增加,从而为 FDI 对经济增长的影响提供一个联系的机理,研究表明,FDI 促进一个国家的经济增长,FDI 对专利数的影响也很大,外商直接投资过程中的知识溢出,可以通过专利数来衡量,也促进经济增长,从而进一步证明了知识溢出可以跨越州界。

Thomas Kemeny(2010)评估外商直接投资(FDI)过程中知识溢出是否会促进被投资国的技术升级,是否 FDI 的影响取决于被投资国的社会能力和经济水平。研究显示在较长一段时间内 FDI 流入对被投资国的技术升级产生积极的影响,在社会能力水平更高的贫穷国家 FDI 对其技术升级的促进效应得到提升,而 FDI 对富裕国家的提升作用仍是积极的,但效果较弱,社会经济能力对那些相近的经济体施加影响不大。

(三)知识溢出与企业技术创新

现在已经有大量的关于专利和 R&D 的研究,通过 R&D 能直接测量在知识发展过程中的投入,而通过专利著作引文能够观察到知识溢出效应,还有一些研究试图把网络内的信息交换,或者溢出效应机制模型化,这类研究在地理信息系统软件、科技以及空间计量经济学等方面取得了进步,特别是实证和评价空间滞后或者空间相互关系的方法受到空间计量经济学的关注。

R&D活动成为知识溢出研究的焦点是因为R&D过程包括了创新知识、专利、专利计费及可被追踪的专利引用。如果数据库显示A的技术创新经费增加,从而提高了B的生产力或是提高了B的技术创新活动,就有这样的推论:上述现象的发生是因为知识溢出提高了B投入的生产力;Audretsch和Feldman(2004)把公司的出现和知识或创新的出现联系起来,公司出现率在密集区要高一些,然后把高的公司出现率和高密集率、高生产力、高生产增长率或更有创造性的活动联系起来,最后能推断甲公司更多的技术创新活动和更高的公司出现率,使得乙公司生产力提高,创造性增强。Cassar和Nicolini(2008)研究了局域化技术溢出对经济增长的影响程度,验证了邻近区域间的技术创新投资溢出效应提高了彼此创新成功的可能性,从而促进了经济增长。由于选择问题和变量缺失的问题阻碍了上述推论,对于选择问题,可能最好的发明家也会选择去发明活动最密集区,一种试图解决选择问题的方法是使用面板数据,面板数据能追踪环境中的变化对同一公司的影响,但是这又会引起Moretti指出的变量缺失问题:环境中不可考查变量所引起可考查变量的变化同样影响生产力。

是否能找到与协变量关联的研究方法,其不影响生产力而且不与能影响生产力的其他不可考查变量相关联?理想的实证研究是自然的试验,在试验中相邻公司的技术创新活动或是相邻公司的出现率是随机变化的,但这样的试验很难找,至少文献中还没有分析。但是类似的试验存在于其他环境中,Holmes(1999)利用阶段性回归的方法分析在美国开设店铺立法对制造业就业增长的影响,一些州已经通过了对开设店铺的立法,该法律允许公司雇佣非工会的工人,而在没有通过开设店铺法律的州,雇员必须是工会成员,如此,可以推测老板们开设店铺会选择通过立法的州,然而在通过该法律州的内部变量也不是随机的,为了解决非随机问题,Holmes 仅关注两种不同类型州的边界位置,研究优先选择权,发现通过法律的州对开设店铺和就业率有很强的积极影响。这个研究对 R&D 和知识溢出研究有借鉴作用,唯一不同的是是否设立商铺和是否进行 R&D 活动。

关于技术创新和空间的互动关系,Carlino 等 (2006)研究发现技术创新等知识密集型活动不一定会出现在空间最密集的环境中,在中度密集的中等城市每人平均专利数量能达到最高水平。不管技术创新、知识溢出和空间距离的关系多重要,实际上的技术创新活动不愿在最密集的城市而支付高工资和高租金。Berliant 和 Fujita(2008)在研究技术创新、知识创造和转移的微观机制方面取得了一定进展,代表着以后研究知识创造和转移机制的一种趋势。

Pedro de Faria 和 Wolfgang Sofka (2010) 通过对葡萄牙和德国 1 800 多个企业技术创新活动的统一调查做实证性的研究,证据表明,跨国公司在一个知识溢出的机会较少的东道国(如葡萄牙)采取知识保护战略更广泛,在德国,如果它们投资在技术创新领域,它们选择的知识保护策略较为狭窄,由于知识交流需要,希望充分受益于东道国的知识流动。相对来说,国际知识外溢,特别是通过跨国公司的知识溢出,对公司防护有价值的知识溢出到东道国的竞争对手的能力知之甚少,通过调查正规的保护措施(如申请专利)以及战略性的保护措施(保密,所需的时间,复杂的设计)将该研究领域进行延伸,对企业知识保护战略的广度进行阐释并将其和跨国公司子公司的具体情况联系起来,因在东道国所遇到的挑战和机遇的不同,它们所用的方法也有所不同。

Chang-Yang Lee(2009) 提出了一个企业的 R&D 测试模型,通过对由世界银行收集的来自多个国家的多种产业数据的实证分析,探讨产业集群对企业技术创新力度产生的潜在影响,评估位于集群之内的企业是否比非集群企业的 R&D 投资力度更大。因为自然排他性或技术创新技术所具有的机会高度关联性,地理上的接近使自发的知识溢出和 R&D 机会只能局限于集群企业;

地理上的接近,通过市场机制、合同技术创新或技术创新合作可能有助于提高知识交流的效率;集群中企业在 R&D 上潜在的优势或劣势取决于企业的技术能力在集群中的对称度。结果表明,位于产业群集之中实际上会对企业的技术创新力度产生负面影响,就公司技术创新强度而言,这和纯粹的、自发的本地知识外溢的传统理解形成对照。

Rui-Hua Huang(2010)使用 Stackelberg 主从架构对知识溢出困境进行了探讨,虽然协同知识创新对企业获得新的竞争优势是重要的,但是知识溢出伤害企业现有的竞争优势,这使 R&D 项目投资成为一个两难问题。分析发现,在协同知识创新中,企业目前的创新知识和先前的已有知识可以互相替代,通过控制当前知识创新的投资与以往知识投资的比率,技术领导者和追随者可以从合作中受益,并限制知识的同时传出或溢出,R&D 主导者和从属者可以同时从技术创新合作和限制知识溢出中受益;因为 R&D 主导者首先面临着资源投资的道德风险,只有当它从知识合作创造的成果中得到好处时,它才具有参与协同知识创新的动力,它面临越多的道德风险,要求的回报也越多,如果它们能将数额确定,R&D 主导者和从属者的投资比例应与它们得到的利益相一致,否则合作就不会稳固。

三、小结

经济活动的区域专业化一般认为是可取的,形成经济活动区域专业化的主要有以下三个原因:比较优势法则,局部化规模经济和知识溢出。从个人主义的方法论角度来看,比较优势法则对个人和企业有效,当地区被看作由不同个体组成的差异化结构并不一定意味着区域专业化;局部化规模经济很少具体到某个行业,仅局限在区域一级;知识溢出的研究没有可靠结论,从更具体化的分类角度看将更加有利(Samuli Leppala、Pierre Desrochers,2010)。

无论知识溢出效应对技术进步、城市发展和经济增长有多么重要，知识溢出和网络、空间距离和技术创新之间的关系多么紧密，对知识溢出的本质研究还是很有限，留下了许多进一步研究知识溢出的方向。

第一，虽然有网络模式研究知识溢出效应，但几乎没有相关的研究来考察网络的工作机制，空间网络模型如何构建以及是否这些模型能够证明知识溢出、城市发展和经济增长等之间的相互关系，虽然发现它们之间有明显的关联性和强烈的内在关系，但是缺少自然的随机试验去验证它们之间的因果关系及对知识溢出效应合理量化。

第二，如果把一个区域看作由商业和非商业两大部门组成，在不同部门就职的低技能人员是否会从周围其他行业高技能人员身上获益，这样是否有利于其部门效率的提高；如果生产力提高只存在于商业部门，商业部门生产率的提高，非商业部门的工资是否会被抬高，然而非商业部门的高工资并不意味着这个部门的生产力得到了提高，如何解释知识溢出效应和价格效应对非商业部门的影响，研究却忽略了这种情况。

第三，研究认为大部分的知识信息交流有市场交易和非市场交易两种类型，在这两类交易类型中知识或信息的交流如何分别实现，在交换过程中，针对交易类型的不同如何对知识信息采取不同的保护措施，知识溢出作为知识或信息交流的结果之一，一般研究并没有区分这两种不同交易类型中的知识溢出效应。

第二节　产业集群研究回顾

一、产业集群的研究历程

关于产业集群现象的讨论最早可追溯到亚当·斯密，他在《国富论》中从分工专业化的角度解释产业集群，认为产业集群是一群具有分工专业化性质的中小企业为了联合生产而形成的群体。其后,马歇尔从规模经济和外部经济的角度研究产业集群现象,把产业集群看作企业为了共享集群内的基础设施、劳动力市场等集群优势而形成的经济聚集体。

区域集聚经济理论认为,工业区位的选择是由成本费用大小决定的,当集聚所带来的好处等于或大于由此引起的运费增加时,集群因素便会对工业区位选择产生作用,Weber(1929)把产业集群因素归结为四个方面:技术设备依存度、专业化劳动、市场化因素和经常性开支减少。

新经济地理学认为企业和产业一般倾向于在特定的区位空间集中,根据群体和相关活动的差异区域选择也不相同,空间差异与产业专业化有关,Krugman(1991)通过建立一个"中心—外围"的模型说明区域或地理在要素配置和竞争中的重要作用。

交易费用理论的代表 Williamson(2001)把企业集聚现象解释为不确定情况下,基于社会资源价值的企业治理机制的选择结果,指出在交易频率大大增加的情况下,为减少不确定性的发生,企业会借助契约实施治理。由于单纯的市场契约成本高,人们转而借助于建立在社会资本之上的信任和产业文化降低交易费用,产业集群的出现与发展能够通过产业集群内部的社会资本实现减少不确定性、降低交易费用等需要。

产业集群创新理论认为,在创新的系统因素中,制度、文化、法律、企业家精神等软因素是至关重要的,企业集聚所形成的社会性系统刚好促使各种软因素日趋同质化,并形成相互学习机制,进而降低创新风险,加速创新速度。

新竞争经济理论的代表 Porter(2003)认为企业的竞争优势来源于企业集聚,其结果是形成学习机制;借助集群交流机制,形成产业集群内部的自我加强机制,进而形成持久竞争力。Porter(1998)在《国家竞争优势》中认为产业集群是某一特定产业的中小企业和机构大量聚集于一定的地域范围内而形成的稳定的、具有持续竞争优势的集合体,提出了垂直企业集群与水平企业集群的概念。

20 世纪后期各种产业集群在世界经济发展过程中表现出色从而产生新产业区理论,新产业区的概念来源于马歇尔式产业区的概念并在此基础之上发展,即现在的产业集群理论。

在我国,对产业集群的研究开始于 20 世纪 80 年代中后期对江浙一带出现的"块状经济"的关注,由于中小企业集群在江浙的迅速发展,学者们对这个问题从区域经济、产业结构、非正式制度、制度变迁等方面进行了一些探讨,有些学者则从企业网络或者企业家网络的角度来研究产业集群,强调创新精神在产业集群发展中的重要作用,也有一些学者从生态学的角度来研究产业集群。

仇保兴(1999)从中间组织角度认为,小企业集群是一群自主独立相互关联的小企业据专业化分工和协作建立起来的组织,产业集群是处于纯市场组织和科层组织之间的中间性组织。

王辑慈(2001)从产业区位的角度研究了企业集群现象,认为产业集群是一个典型的综合社会网络,是具有共同的产业文化和价值的企业在一定地域空间内的集聚,强调产业集群内企业共同的社会文化背景及价值观念是生产区域"根植性"基础条件。产业集群的各个主体聚集在一个特定的领域,由于具有共性和互补性联系在一起,王辑慈教授重点探讨了创新与集聚之间的关联,将文化、传统、制度、人缘、地缘、血缘等因素作为影响产业集聚的重要元素。

魏后凯(2003)认为,产业集群是指大量的相关企业按照一定经济联系集中在特定地域范围,形成一个类似生物有机体的产业群落。

二、产业集群的概念与发展周期

(一)产业集群的概念

关于产业集群的研究文献众多,这些研究认为产业集群是政治经济、公共政策、商业管理等跨领域、跨学科共同研究的对象。由于不同的学者、专家、组织的学术背景不同,并且采取的研究方法也各不相同,于是对产业集群的定义有很多,表 2-1 主要列出几个主要的产业集群概念。

表 2-1　产业集群的概念

主要观点	代表学者	主要内容
企业在一定地域空间内的集聚	Porter(1990)	在某一特定领域内相互联系的、在地理位置上集中的企业和机构的结合
	Rosenfel(1997)	具有地理接近性和相互依赖的企业在特定地理位置上的集中
	王辑慈(2001)	一组在地理上靠近的相互联系的企业和机构,处于同一特定区域,由于具有共通性和互补性联系在一起
区域内形成的一种产业组织形式	仇保兴(1999)	由众多独立的相互联系的小企业依据专业化和协作的关系在一定地域空间上集聚,建立起介于纯市场和纯科层组织间的产业组织形式
	芮明杰(2000)	通过信息共享和人员相互作用形成的中小企业间的结合,产生的企业和产业组织制度
	Porter(1990)	产业集群是一种区域内形成的企业网络
具有高度竞争优势的社会关系系统	Anderson(1994)	一群企业以地理接近性为必要条件集聚在一起增进彼此的生产效率和竞争力
	Porter(1990)	一系列相关企业和产业集聚在一起,能够增强各自的竞争优势,提高创新能力的组织形式

资料来源:作者整理

　　为了更好地理解产业集群现象,可以从两个方面展开:一是从产业集群内在的社会结构的本质与特点来理解产业集群创造和革新知识的潜力;二是通过评估产业集群经济活动的深度和广度,理解提高其竞争力和业务逻辑的驱动力。从社会知识、经济因素以及商业竞争力这几个层面基本上能够让我们动态地了解产业集群的概念,而这一理解对于宏观和微观经济政策制定与实施都有很强的指导作用。

　　现有产业集群内涵各有所侧重,本研究认为产业集群的内涵是一个社会经济实体,它的特点是一定的社会群体和一定量的经济主体落户于一个地理位置紧邻的特定区域。产业集群内,社会群体以及经济主体之间在相关的经济活动中协同运作,为创造市场里的优质产品和服务,分享彼此的产品存货、科技以及组织知识。这既包含了马歇尔的城市化概念,特别是区域规模经济,但是它又明显不同于聚集这个概念,因为集群内的知识互动不是随意的而是具有目的性的,知识是迁移竞争成功的决定因素之一。

　　首先,对产业集群的内涵强调集群潜在的社会结构的本质、特点及优点决定了集群整合已有知识和新知识的方式,集群的目的是为了创造更优质产品和服务。这正是产业集群和那些简单的地理聚集的经济主体之间的区别。产业集群关系的优点一直被描述为社会网络的"嵌入"水平(Gordon 和 McCann,2000)。事实上,所有的经济关系即使是聚集形态的纯粹市场关系都带有社会嵌入性,这些关系依赖于各成员共享的规范、体系以及多种假设,同时这些经济关系本身并不仅仅只是经济决策的结果。

　　其次,有些社会学方面的文献研究则认为产业集群不同于"社会网络",因为产业集群不仅反映了技术机遇和互补性对经济的反映,而且也反映了嵌入性和社会整合的不同寻常的水平,尽管社会网络形态具有明确的空间应用性,但其本身并不具备固有的空间性,社会网络是一种可供长期使用的社会资本,是由社会历史与持续的累计活动共同创造并维护的。前者主要是由合同连接在一起的众多经济主体,后者主要是由企业之间密切的知识互动所联结,企业之间的知识互动比企业内部的知识互动更频繁(Granovetter,1992)。本研究把社会网络看成是一种特别的产业集群,在这个集群中,企业之间的知识互动、经济主体之间的制度化的信任以及人事互动都非常频繁。

　　最后,产业集群是由决定加入受益的经济主体组成,集群成员的关键活动有目的性,集群度由主体长期合作的程度决定,当然,这些主体在合作的同时,也一直保持着原有的竞争性。在特定地域同时发生的企业合作和竞争关系,要求存在一个高度发达的社会结构来组织和促进知识整合、信息交流和经济主体之间身份共同感的培养。因此,便导致了无论哪一类产业发展产业集群的知识整合度可能都相当复杂。

(二)产业集群的发展周期

随着以费农为代表的把产品生命周期理论引入市场营销学之后,生命周期理论作为一种研究思维被应用于产业经济学领域。产业集群也是动态的演进过程,同样能够应用生命周期的观点分析产业集群的演进。学者们从不同的角度出发把产业集群的演进过程划分为不同的阶段。

Bergman 和 Feser(1999)认为产业集群可分为四个阶段:潜在阶段、显现阶段、已存阶段、衰退阶段。Tichy(1998)借鉴费农的产品生命周期理论,将产业集群生命周期划分为诞生阶段(formative phase)、成长阶段(growth phase)、成熟阶段(maturity phase)和衰退阶段(petrify phase)。Ahokangas 等(1999)提出区域产业集群发展过程分为起始和初始阶段、增长和趋同阶段、成熟和调整阶段。其中产业集群稳定状态如图 2-1 所示。

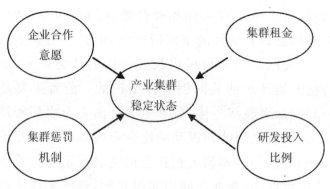

图 2-1　产业集群稳定状态图

Porter(2003)认为钻石模型中各个影响因子的相互作用与变化决定了产业集群演进,把产业集群的演进阶段分为诞生、发展和衰亡三个阶段。Pouder 和 John(1996)把产业集群看成该产业整体中的一个子群,并使用断续性均衡的模型,把产业集群的演进阶段分为产生形成阶段、收敛阶段、重新调整阶段,具体概括如表 2-2 所示。

表2-2　产业集群的生命周期及其特征

阶段	产业集群内主要特征			竞争行为	创新业绩
	资源状况	组织形式	管理者认知模式		
产生形成阶段	集聚经济	不断增加相互适应性	容易产生突出的竞争对手	增加进入者竞争多样性	增加创新水平阶段
收敛阶段	没有集聚经济	模仿行为同态性	认知上偏见(忽略外部竞争对手)同质性	进入数量比较稳定、近视的竞争	创新减少
重新调整阶段	集聚不经济	组织上的惯性没有弹性的深层结构	惯性无法跨越认知障碍	企业数量减少	创新在产业集群外产生经济研究

资料来源：Pouder R. & John C. H. ST. Hot Spots and Blind Spots：Geographical Clusters of Firms and Innovation[J]. Academy of Management Review，1996，21（4）：1192－1225.

三、产业集群的研究简评

20世纪90年代以来，为了理解产业集群发挥作用的重要因素及使其在国际上成功的重要因素，针对这一问题已经存在很多著述，也许因为多视角的研究，对产业集群这个术语的运用以及对该现象的已有解释越显得扑朔迷离，其结果之一就是区域政策的制定者和众多商人很难指出产业集群所带来的潜在威胁及其前景机遇。

分析发现，过去形成的一些理解和解释产业集群的理论至少包括以下方面的内容：应用区域集群分析框架、战略竞争分析描述框架以及实证分类模式。Carrie(2000)注重研究产业集群制度性构建的属性和多样性，Gordon和McCann（2000）则研究由地理临近产生的净经济优势。这些分析方式的共同点在于他们依赖于这样一种观念：用产业集群中经济主体之间的经济联系来分类和分析产业集群的属性和实力，所有这些方式都很少明确地将知识因素视为其潜在分析框架或分类模式的一个部分。

Porter(1998)的研究对于知识因素给出了更多的关注,并将其视为产业集群实力的决定因素之一,但其在很大程度上仍然在解释产业集群竞争动态和特点分类时,坚持经济联系的观点。相反,在产业集群定性研究和案例研究中,将知识因素视为产业集群实力和提高集群绩效的途径得到了足够的重视,这些研究提供了必不可少的观念基础和实证性证据,根据已存研究总结发现在理解产业集群时应包括关键变量知识因素的作用。

知识整合程度和产业集群竞争范围都可以用来解释产业集群的经济绩效。这类研究可以解释和决定产业集群经济绩效的众多特征,有些特征是同产业集群所在产业部门的竞争性因素有关,而另外一些特点则同产业集群的制度结构、地理区位、经济联系以及其他因素有关。从经济和社会角度分析了产业集群现象的复杂性和广博性与其潜力对涉及的经济主体和社会群体的作用。在对知识整合和全球竞争范围的关键维度中,可以通过对经济政策制定者和商务执行者有意义的方式捕捉到产业集群很多潜在功能结构。

大量的实证研究表明,集群企业之间的知识整合度越高,全球竞争性越强,产业集群的经济绩效越好,尽管这些研究并非完整无缺,但是仍表明在高知识整合程度和全球范围竞争的集群企业比趋于在一定地理界线范围内竞争的、低整合度的产业集群更具创新性,呈现更多的增长模式,更适应多变的环境条件,更具持续性的绩效。

同时,有关产业集群的研究也存在一定的问题和矛盾,特别是进入 21 世纪,虚拟通信科技和全球的运输物流业的发展已经使区域化经济对企业竞争力产生更为巨大的影响,也对产业集群理论和实践带来挑战。另外,与产业集群相关的某些因素也会阻碍产业集群的发展,从供给和需求两个方面看,产业集群中竞争和过剩的情况都会有所加剧,可能面临大量雇员离职或企业之间不合作等问题,而这些问题都会对整个产业集群构成威胁。产业集群的主体需要一方面设法加强彼此之间的合作,而另一方面又会产生更激烈的竞争,对这一矛盾的处理对产业集群经济的长期发展至关重要。

四、知识溢出与产业集群的研究

(一)知识溢出与产业集群研究概况

利用 www.google.com 搜索引擎和西北大学图书馆 Elsevier (SDOS)数据库、中国期刊网全文数据库、中国博士学位论文数据库分别采用关键词精确检索或联合检索的方式分别对"industry cluster""knowledge spillover""产业集群""知识溢出"及"industry cluster"与"knowledge spillover""产业集群"与"知识溢出"进行精确检索,涉及产业集群、知识溢出的研究检索结果如表 2-3 所示。

表 2-3 产业集群、知识溢出研究文献检索统计

关键词或联合检索	篇数或网页	检索来源	检索方式与期间
industry cluster	8 080 000	www.google.com	关键词
knowledge spillover	516 000	www.google.com	关键词
industry cluster knowledge spillover	37 500	www.google.com	关键词
industry cluster	568	Elsevier(SDOS)数据库	联合检索
knowledge spillover	240	Elsevier(SDOS)数据库	联合检索
industry cluster knowledge spillover	10	Elsevier(SDOS)数据库	联合检索
产业集群	17 868	中国期刊网全文数据库	关键词 2000—2010 年
知识溢出	434	中国期刊网全文数据库	关键词 2000—2010 年
产业集群	272	中国博士学位论文数据库	关键词 2000—2010 年
知识溢出	29	中国博士学位论文数据库	关键词 2000—2010 年
产业集群 知识溢出	3	中国博士学位论文数据库	关键词 2000—2010 年

资料来源:作者整理   检索时间:2010 年 3 月 12 日

(二)产业集群与知识溢出研究文献的年份数量分析

仅利用西北大学图书馆 Elsevier(SDOS)数据库,在所有资源中用"industry cluster"与"knowledge spillover"为检索词进行检索,对摘要、篇名、关键词三种方式联合检索得到的文献是 10 篇,仅以"knowledge spillover"为检索词从 2000—2010 年进行联合检索约有文献 218 篇,进行篇名检索约有文献 40 篇,从表 2-4 可以看出,2004 年后的联合检索文献数量是 165 篇,占总数的 69.1%,2004 年以后的篇名检索文献有 32 篇,占总篇数的 73.6%,表明从 2004 年开始,研究者对知识溢出的关注较多。文献的年份分布数量如表 2-4 所示。

表 2-4 有关产业集群知识溢出研究文献的年份数量分布

年份	2000	2001	2002	2003	2004	2005	2006	2007	2008	2009	2010
联合检索	8	11	17	10	22	21	23	20	44	31	10
篇名	1	3	3	1	4	6	7	4	7	5	1

资料来源:作者整理 检索时间:2010 年 3 月 12 日

(三)国外知识溢出研究文献的期刊分布

在利用西北大学图书馆 Elsevier(SDOS)数据库,对所有资源中含"knowledge spillover"为检索词进行检索,对摘要、篇名、关键词 3 种方式联合检索得到的文献进行分析,发现国外有关知识溢出的文献期刊分布如表 2-5 所示。

表 2-5 国外有关知识溢出研究文献的期刊及数量分布

期刊英文名	期刊中译名	篇数
Research Policy	政策研究	31
European Economic Review	欧洲经济评论	5
Economics Letters	经济通讯	9
International Journal of Industrial Organization	国际工业组织期刊	7
Journal of Urban Economics	城市经济期刊	8
Regional Science and Urban Economics	区域科技与城市经济	4

期刊英文名	期刊中译名	篇数
Technovation	技术创新	5
Journal of International Economics	国际经济期刊	5
Journal of Development Economics	发展经济期刊	4
Journal of Economic Behavior & Organization	经济行为与组织期刊	7

资料来源：作者整理　检索时间：2010 年 3 月 12 日

(四)产业集群知识溢出研究对象与范围

在文献分析中发现,有关以知识溢出为对象的研究主要集中于知识溢出本身的理论研究和知识溢出与国家、区域、产业集群发展的实证研究等两个方面;就学科范围而言,有关知识溢出的研究集中于产业经济学和知识管理两大学科。关于知识溢出的研究具体情况是:一是对知识溢出本身的研究,主要集中于知识溢出的内涵、本质特征、形成机制、溢出途径、影响因素、测量分析、溢出效应及评价等方面;二是关于知识溢出与国家、区域、产业集群的关系研究,主要集中在外商投资(FDI)、跨国公司的知识溢出分析,知识溢出与区域经济增长,知识溢出与产业集群中企业学习、创新、发展等方面。相对而言,有关知识溢出的微观层面的研究较少,特别是关于知识溢出与企业技术创新行为的相关研究较少,关于知识溢出与产业集群中企业的知识获取吸收、知识转移共享、知识利用以及集群企业之间的知识网络及技术创新环境的构建等方面的研究相对不足。

关于企业技术创新、知识溢出的理论和实证研究一般集中在技术创新、知识溢出的地理临近区域作用方面,这些研究都将知识溢出作为区域内企业技术创新行为一个重要的假设条件(Griliches,1998;Cohen、Nelson 和 Walsh,2002)。

企业进行技术创新投入、进行技术创新,技术创新结果以知识和技术的形式存在,知识技术具有社会公共品的性质,很容易传播和抄袭,而知识技术的传播再次利用的成本很低,因此,技术创新者对技术创新成果的占有具有非排他性和非竞争性(Arrow, 1962),由于技术创新活动和知识溢出效应的外部性,另外,技术创新活动投入大、周期长、风险多,中小企业一般不会主动地进行技术创新投入,只有规模很大、实力很强的企业为了自身发展才会采取技术创新策略,以获得市场竞争优势。这样,在技术创新选择问题上,发达国家的政府部门都十分重视,通常会采用政府参与的方式或者政府鼓励支持的方式进行,"官产学"合作技术创新就是一种常见的技术创新模式(Etzkowitz 和 Leydesdorff, 2000)。在技术创新方面常常会涉及国家层面的因素,政府的支持、奖励等措施有利于形成技术创新合作的制度安排。如美国、日本等都是采用和鼓励"产—学—研"结合的技术创新方式。中国政府同样重视技术创新活动,政府参与的程度较深,采用公共财政投入、科研补贴、科学技术奖励等方式鼓励企业或科研院所的技术创新行为。

由此可见,在实践中国内外都将技术创新合作、知识溢出效应作为形成国家创新能力和促进创新绩效的一种重要制度安排,但是,在理论上这种制度安排执行的结果如何,需要在微观的企业层面进行研究和探讨,更好地为实践提供理论支撑。

国外关于技术创新、技术创新合作与知识溢出的研究主要集中在企业及产业领域等方面。Aspremont 和 Jacquemin(1988)最早使用博弈论对企业技术创新行为和知识溢出现象进行研究,并且构建了 Aspremont-Jacquemin 模型,模型把存在外生知识溢出的双寡头间的合作看作是两个寡头决定技术创新水平高低,然后在产品市场进行 Coumot(古诺)竞争,此后相关的研究都是在 Aspremont-Jacquemin 模型基础上的扩展。

Cassiman 和 Veugelers(2002)构建了描述溢出知识的指标体系,采用调查数据对 1993 年比利时的制造业进行了实证回归分析,发现较高的外部知识溢出能够促进企业、大学、公立和私立研究实验室等主体之间合作,企业外部的公共知识对企业非常重要,企业的技术创新能够从与其他研究机构的合作中获得收益。

知识溢出的一条重要的途径就是区域技术创新主体之间的合作关系,Jorde 和 Teece(1990)的研究表明,通过政府的技术创新科技政策,鼓励企业之间的技术创新合作,构建一个竞争合作的市场环境,对技术创新和知识溢出有很大作用。

Schartinger、Schibany 和 Gassle(2001)采用 1990—1995 年的调查数据,对澳大利亚企业技术创新活动与大学之间的合作进行回归分析,表明大学科研成果的流动对企业吸收转移知识的影响,证明文化观念的差异和企业信息闭塞是企业和大学之间的障碍因素。

Becker 和 Peters(2000)对德国制造产业的研究表明,企业与大学合作能够提高技术创新的可能性,将进一步促进企业技术创新投入。Fritsch 和 Franke(2004)的一项研究是在 KPF 框架下,采用 1995 年问卷调查数据,对德国三个区域的知识溢出与技术创新合作对创新行为的影响进行的实证分析。研究结果显示,各个区域的生产率差异很大,其中主要原因是技术创新项目本身和知识溢出的影响,技术创新合作的中介机构处于相对次要的地位。

Belderbosa、Carreeb 和 Lokshinb(2004)利用 1996—1998 年的欧共体创新调查数据对荷兰包括竞争者、供应者、消费者、大学、研究机构等之间的技术创新合作与企业绩效进行了回归分析,发现供应者与竞争者的技术创新合作对区域劳动生产率的提高成正相关关系,外部进入的知识溢出同样与大学、研究机构及供应者的合作对新产品销售量具有积极作用。

Audretsch 和 Feldman(2004)用技术创新、知识的观点解释企业的产生和发展,技术创新密集的区域更容易诞生新的企业,企业的高出现率进一步促进区域生产效率的提高,技术创新更加频繁,企业出现、技术创新、生产力的提高成正相关关系。

Veugelers 和 Cassiman(2005)使用 1993 年的欧洲共同体调查数据和模型,对比利时的制造企业和产业的特性与大学技术创新合作进行了计量分析,表明政府技术创新政策支持、分担技术创新成本,能够促进企业技术创新活动与大学的合作。

Jefferson 等(2001)使用 1995—1999 年中国大中型企业的面板数据分析结果显示,技术创新与企业规模和市场成正相关关系,大型企业和中型企业的技术创新人员投入和技术创新投入弹性具有较大差异,研究没有对产学技术创新合作及其溢出效应进行的实证检验。

Cassar 和 Nicolini(2008)研究了局域化技术溢出对经济增长的影响程度,验证了邻近区域间的技术创新投资溢出效应提高了彼此创新成功的可能性,从而促进了经济增长。

国内对技术创新溢出的研究主要集中在外商直接投资、国际贸易与技术创新知识溢出的关系等方面,从政府、企业、大学、科研机构合作的角度和从技术创新合作与知识溢出研究的成果较少。有一些研究企业之间的技术创新合作和知识溢出的文献,这类研究通常采用博弈论的一般性的分析方法以定性分析为主。

鲁文龙、陈宏民(2003)采用博弈分析模型,假设在市场经济开放的环境下,分析国内和国外两个企业的技术创新行为,加上政府技术创新政策变量,研究结果显示,企业之间的技术创新交流合作与企业技术创新投入是相互促进、相互影响的正相关关系,企业间的技术创新合作、知识溢出、技术交流对企业有利,同样能够提高整体社会福利,每个国家的政府都倾向于对本国企业的技术创新进行投资和政策支持。

韩伯棠、艾凤义(2004)采用 Aspremont-Jacquemin 模型,探讨了在不对称条件下双寡头企业的技术创新合作关系,在知识溢出不对称情况下,寻找企业之间不完全合作技术创新、部分合作技术创新、完全合作技术创新三种状态的纳什均衡及其存在的条件,研究发现,在每一个企业都追求利润最大化的前提下,企业之间的技术创新合作利润比企业之间不合作技术创新时的利润高,每家企业都能够得到更多的利益,即使是竞争对手,企业之间的技术创新合作也能够实现和达到双赢状态。

(五)知识溢出、产业集群与企业技术创新行为研究评价

综上所述,国内外关于企业技术创新和知识溢出之间关系的研究,无论是理论研究还是实证研究都主要集中在"管产学研"合作与知识溢出作用方面,总的研究结论都倾向于证明企业之间的技术创新合作对企业技术创新行为的促进作用,在大多数的研究中都将知识溢出作为企业技术创新行为中的一个假设条件。这样的假设在研究中也存在不足,因为影响企业技术创新行为的因素众多,仅仅将知识溢出作为其中一个重要的变量,在解释现实问题时缺乏解释力度,一般的经验研究更关注政府对企业技术创新行为的政策支持和资金支持,对产学研特别是知识溢出对企业技术创新行为的影响关注较少。

通过文献回顾发现:第一,关于知识溢出及其效应的研究主要从宏观层面探讨知识溢出对城市的生产力和城市发展规模的影响作用,研究涉及了知识溢出与城市聚集经济、城市规模发展及产业发展的关系和相互影响;以及从微观层面讨论知识溢出效应,重点研究了知识传播机制,知识溢出与网络、空间距离及技术创新之间的互动关系。在过去的研究中关于知识溢出与集群企业的研究也较多,但是从知识溢出的视角分析产业集群发展的研究的并不多见,特别是在揭示产业集群核心演变因素的研究较少;另外,从知识溢出的角度研究社会经济的主体"企业"行为的同样较少,尤其是在微观层面上研究知识溢出与集群企业衍生、知识存量变化、技术创新行为选择、知识利用以及产业集群技术创新环境建设的并不多。

第二,对产业集群研究主要从宏观层面的产业集群经济分析,研究国家和地区层面考察产业集群经济的空间分布、区位选择以及战略发展等问题;从中观层面的企业集群分析,主要研究整个产业集群的产业联系与竞争合作关系等;但是关于微观层面的研究较少,更多的研究停留在宏观层面和中观层面,这主要是因为在这两个层面,研究数据比较容易获得,而微观层面的数据

较难获取。

第三，关于企业技术创新和知识溢出之间关系的研究，主要集中在"管产学研"合作与知识溢出作用方面，总的研究结论都倾向于证明企业之间的技术创新合作对企业技术创新行为的促进作用，在大多数的研究中都将知识溢出作为企业技术创新行为中的一个假设条件。这样的假设在研究中也存在不足，因为影响企业技术创新行为的因素众多，仅仅将知识溢出作为其中一个重要的变量，在解释现实问题时缺乏解释力度。

20世纪90年代以来，大量的实证研究表明，集群企业之间的知识整合度越高，全球竞争性越强，产业集群的经济绩效越好，尽管这些研究并非完整无缺，但是仍表明在高知识整合程度和全球范围竞争的集群企业比趋于在一定地理界线范围内竞争的、低整合度的产业集群更具创新性，呈现更多的增长模式，更适应多变的环境条件，更具持续性的绩效。

第三节　创新生态环境研究回顾

当前，国内外学者从创新生态学出发，主要从企业、区域、产业以及产业集群四个层面对创新生态系统进行了深入的研究。

一、企业创新生态系统研究

对创新生态系统的研究大多是以企业为对象的，国内外学者对企业创新生态系统做了大量的研究，其研究成果主要集中在以下领域。

(一)企业创新生态系统的概念

Ron Adner(2006)以高清电视的成长为案例，概括出创新生态系统的定义，认为创新生态系统的整体创新能力是影响企业绩效的关键要素。

张利飞(2009)认为创新生态系统是由高科技企业以技术标准为创新耦合纽带,在全球范围内形成的基于构件/模块的知识异化、协同配套、共存共生、共同进化的技术创新体系。

张运生(2008)指出高科技企业创新生态系统是以技术标准为纽带,基于配套技术由高科技企业在全球范围内形成的共存共生、共同进化的创新体系,系统边界由配套技术开发企业和交易费用所共同决定,系统目标在于提供给顾客一整套技术解决方案。

(二)企业创新生态系统的作用

Lichtenstein (1992)通过运用企业孵化器模拟企业生态因素,通过试验获取了未来企业生存所需要的环境条件和所要建立的市场关系。

Daniel C. Esty (1998)认为将创新生态学运用于企业层面上,不仅有利于公司在生产过程中找到提高产品的途径,而且利于产业上下游企业之间相互沟通,降低产品成本,提高企业竞争力。

James F. Moore (1999)运用自然生态学的规律来观察和设想当今及未来的经济世界,指出弱者能够生存,企业相互依赖,共同进化将是未来经济发展的景象。

Marco Iansiti (1995)认为任何不同的组织或个人必须直接或间接地支持或依赖于特定的业务、技术或标准,成功的企业就是利用了"关键优势",通过整个创新生态系统内结点企业的合作来获得竞争力。

刘友金(2002)以生态理论观点为基础探讨了创新系统的组成形式和创新优势形成,并分析企业创新行为的生态学特征等。

石新泓(2006)以 IBM 公司为案例,总结出企业只有在合作有序的创新生态系统中才能不断创造价值,系统成员在不断完善过程中共同提升企业的整体价值和市场优势。

(三)企业创新生态系统的风险管理

张运生(2008,2009)揭示了高科技企业创新生态系统风险产生机理,指出创新生态系统的诸如合作共赢性、系统复杂性、技术标准化、技术模块化等本质特征引发了依赖性风险、结构性风险、专用性资产投资风险、信息不对称风险、资源流失风险、收益分配风险等六种典型的合作风险。

张运生、郑航(2009)还从融合风险、机会主义道德风险、资源流失风险、锁定风险以及外部环境风险等五个方面构建了企业创新生态系统风险评价指标体系,为风险评估提供依据。

(四)企业创新生态系统的运行机制

贺团涛、曾德明(2008)研究了高科技企业创新生态系统形成机理,指出高科技企业创新生态系统是企业组织适应环境变化而不断创新的结果。他们还结合创新理论和生态理论,提出了知识创新生态系统的概念,认为该系统可以把知识转化为直接的生产力,并初步分析了知识创新生态系统的运行机制。

李湘桔、詹勇飞(2008)从"知识发酵"模型角度分析创新生态系统,从知识的获取渠道和创新所需知识性质的角度,构建创新生态系统管理矩阵,进而得出创新生态系统推荐策略。

张利飞(2009)从开放式创新机制、技术标准推广机制和生态位决策机制三个方面深入研究了高科技企业创新生态系统的运行机制。张利飞(2009)还对高科技产业创新生态系统的耦合战略进行研究,指出其战略由专利许可、合作 R&D、技术标准推广合作三个子战略构成。

张运生(2010)提出了一套高科技企业创新生态系统技术标准许可价格定价方法与模型,动态测算了不完全信息条件下技术标准许可"基本价"与最优定价公式。

张运生和田继双(2011)还从技术创新能力、技术标准能力、用户基础与市场地位、技术资源互补性、合作企业间兼容性以及声誉与信任等方面构建了创新生态系统合作伙伴选择综合评价指标体系。

(五)企业创新生态系统的治理模式

张运生、邹思明(2010)提出高科技企业创新生态系统治理机制包括决策机制、谈判协调机制、平台定价机制以及约束机制。

张运生、邹思明等(2011)还指出科学的定价机制可以成为创新生态系统有效的治理工具,并提出三种主要的治理模式:俱乐部型治理模式、辐射型治理模式以及渗透型治理模式。

(六)企业技术创新生态系统相关研究

吴彤(1994)提出了"技术生态学"的概念,将其定义为"以生态学方法综合考察技术活动本身及其与人、环境相互关系",对技术活动应从微观、中观和宏观三个层次考察测量技术系统的能量与物质流动。

刘友金、罗发友(2004)把行为生态学引入企业技术创新集群行为研究,构建了企业技术创新集群行为的行为生态学系统分析框架。

陈斯琴、顾力刚(2008)在对企业技术创新系统与自然生态系统进行比较分析的基础上,提出了企业技术创新生态系统,并以手机的技术创新为例,分析了技术创新生态系统的结构及其关系。

孙冰、周大铭(2011)应用生态系统和技术创新的相关理论对企业技术创新生态系统的结构进行了系统的研究,并基于核心企业视角构建了企业技术创新生态系统。

吕玉辉(2011)以生态学的观点探寻技术创新系统及其演化规律,指出技术创新系统可分为输入亚系统、生产亚系统和输出亚系统,系统要素之间存在着有序的流动,遵循产生、成长、成熟、衰退四个阶段。

二、区域创新生态系统研究

在区域创新生态系统研究方面,其研究成果主要集中在以下领域。

(一)城市创新生态系统相关研究

隋映辉(2004)指出城市创新系统是在一个特定的创新环境、特定的城市或地区、特定的要素(人才、资金、信息)组合,以及具有独特的战略、相互衔接的产业链形成的城市创新的战略生态系统。

余建清、吕拉昌(2011)认为城市创新生态系统作为国家创新系统的一个有机组成部分,在城市创新、区域创新和产业创新中起着不可替代的作用,并以城市创新生态系统为研究对象,构建城市创新生态系统的评价指标体系,并以广州和深圳为例进行比较研究。

潘雄锋、马运来(2011)构建了由创新生态主体、创新生态环境、创新生态调节三个有机部分组成的城市创新生态体系,设计了城市创新生态评价指标体系,并对我国大中型城市进行了实证分析,按照结果将其划分为三种类型:状态-结构均衡型、结构劣势型和状态劣势型。

(二)区域技术创新生态系统相关研究

黄鲁成(2003)将生态学理论与区域技术创新理论相结合,提出了区域技术创新生态系统新概念,认为该系统具有整体性、层次性、耗散性、动态性、稳定性、复杂性和调控性等特征。他研究提出,区域技术创新生态系统的生存机制包括反馈调节机制、鲁棒调节机制、多样性调节机制,而其调节机制则包括稳定性调节机制、多样性调节机制和静态均衡机制。

黄鲁成(2006)还应用生态系统中的制约与应变概念,分析了技术创新主体在技术创新生态系统中所受到的制约以及可以采取的应变策略。同时,苗红、黄鲁成(2007,2008)还提出了区域技术创新生态系统健康的概念,并从系统的自组织健康程度、系统的整体功能、系统的外部胁迫三个角度考虑,建立了区域技术创新生态系统评价指标体系,并以苏州科技园区为例对其健康状况进行了评价。

除此之外,周青等(2008)构建了区域技术创新生态系统适宜度评估指标体系,并甄选生态位评估模型对区域技术创新生态系统适宜度评估指标进行测算。

周青等(2010)分析了区域技术创新生态系统的集聚系数和特征路径长度等小世界网络特征,并对区域技术创新生态系统的建设提出相关对策与建议。

(三)区域创新生态系统相关研究

刘志峰(2010)指出区域创新生态系统的构成要素按照表现形态可以分为理念层、主体层、制度层、物质层和行为层,不同要素之间内在的有机联系与协同融合共同决定了区域创新生态系统的结构模式;此外,在长期发展过程中,区域创新生态系统逐渐形成了动力机制、复制机制、变异机制、重组机制和控制机制,这些机制共同形成区域创新生态系统功能机制的整体效应。

詹湘东(2005)认为区域创新系统是区域经济发展的主要动力,人们应以科学的发展观为指导,实施技术创新的生态化转向,保持自然生态与社会生态的稳定和协调发展。

祁明、林晓丹(2009)设计了以 TRIZ 理论为核心、以五环体系为架构、以公共创新服务系统为中心的区域创新生态系统。

蒋珠燕(2006)从社会环境和文化氛围、政府作用、政策环境、人才、服务体系、企业等六个方面提出了如何构建我国的自主创新生态系统。

邓昆林(2009)根据 Ron Adner 针对创新生态系统提出的跑车模型,结合总部经济和创新生态系统关系提出跑道模型,并从推拉两个角度来分析二者的相互关系。

张翠芬(2009)针对河南省研究与试验发展经费强度低的现状,通过国际比较、省际比较,对河南省如何培育科技创新生态系统、打造高校与企业之间的战略伙伴深层对接机制提出了若干政策建议。

三、创新生态系统其他研究

(一)产业创新生态系统研究

也有很多学者从不同产业角度以及应用不同学科知识对创新生态系统领域做了相关研究。

杨道红(2008)从产业自主创新生态系统的内涵出发,从政策法律环境、市场环境、资源支撑体系和企业技术创新能力等四个方面构建了我国集成电路产业自主创新生态系统,并从构成要素、运行机制、基本功能等方面进行了系统分析。

陈丽(2008)从企业生态系统的角度对海洋生物制药自主创新系统进行研究,提出了海洋生物制药自主创新生态系统的概念,分析了海洋生物制药自主创新生态系统的复杂性,并探索了该系统的结构。

曹如中、刘长奎等(2011)研究发现创意产业创新生态系统的模仿、竞合与知识传导机制,与自然生态系统内的遗传、变异与选择机制十分类似,其系统演化过程有明显的生命周期性特征,种群之间的演化也遵循特定的规律。

(二)产业集群创新生态系统相关研究

相关学者针对"产业集群"这一特殊形式,对创新生态系统领域做了相关研究。

黄昕、潘军(2002)从生态学视角分析了汽车行业存在的问题,并从构建工业生态系统的角度提出相关建议。

傅羿芳等(2004)构建了高科技产业集群的持续创新生态体

系,其结构包括制造型创新生态网络、中介类辅助创新亚群落、研究类创新种群、外部创新生态环境、集群内部创新生态环境等五个子系统。

刘友金、易秋平(2005)认为技术创新群落要实现可持续发展,就必须对技术创新生态系统结构即"营养结构"和"形态结构"进行生态重组,并构建一个理想的技术创新生态系统模式,以实现整个技术创新生态系统中物料流动的封闭循环,从而变技术创新种群间的有害关系为有利关系,并最终实现经济效益、社会效益和生态效益的有机统一。

罗亚非、张勇(2008)提出了奥运科技集群的概念,同时把生态学的相关方法和理论引入奥运科技集群创新的研究,构建了奥运科技集群创新生态系统模型,并初步分析了奥运科技集群创新生态系统的层次网络结构。

顾骅珊(2009)立足浙江产业集群,分析了其在创新生态系统建设中存在的主要问题,并从创新链、产业链、产学研高度结合、培养"大产业"集群等角度来阐述该如何构建产业集群创新生态系统,以达到实现浙江经济转型升级的目的。

陈秋红(2011)在分析福建省产业集群当期发展概况的基础上,着重探析福建产业集群产生的条件、存在的问题,并探索集群创新生态系统升级的具体措施。

四、研究述评

综上所述,可以得出以下结论。

(1)技术创新研究视野已从单个企业内部转向企业与外部环境的联系和互动,技术创新个体形式也从"线性创新范式"向"创新生态环境范式"转变,创新生态系统这一研究领域已经受到关注。但创新生态系统只是诸多研究领域的"边缘成果",现有研究中关于创新生态系统的正面研究并不多见,创新生态系统方面的研究尚未建立统一的分析框架。

（2）产业集群治理的研究尚处在前期探索阶段，缺乏核心理论的支撑，主流的研究框架尚未确立。另外，为了解决当前的现实问题，诸多研究把集群治理与集群发展过程中出现的一系列问题盲目结合起来，导致研究的范围比较发散。但关注的重点仍然是产业集群的制度特征、竞争优势、影响集群发展的因素以及政府促进集群发展的政策，鲜有学者对集群创新系统的治理展开正面研究。

（3）对于产业集群创新生态系统治理问题的研究，要打破现有的研究框架，从经典的"集群治理"理论入手，同时采用学科交叉的研究方法，充分考虑创新生态系统的特殊性，构建符合产业集群创新生态系统特征的分析框架，明确研究的具体内容，创新研究方法。

鉴此，本书针对前述问题，旨在揭示产业集群创新生态系统的结构及其运行机制，系统探索产业集群创新生态系统的治理模式，以期为提高产业集群创新能力和治理能力提供理论指导和实践借鉴。

第三章 技术创新视角下的产业集群理论分析

技术创新、知识技术和产业集群被视为衡量区域发展的重要指标,向成功的创新地区与产业集群学习已经成为修订区域产业政策的重要方式。在实践中,由于产业政策参谋部门特别是决策制定者在制定区域产业政策时大多采用简单的方案去解决复杂的问题,经常忽视技术制度、产业结构和企业实践及动态发展等因素。在理论上,研究更多关注的是在特定区域出现和兴盛的创新技术以及创新技术与区域经济增长之间的关系,对技术创新过程的本质、技术变革的条件及区域产业集群的发展考虑不足,因此,从技术创新、知识溢出的过程和本质入手,分析产业集群的内涵结构、区位分布和发展形态,更能够解释区域经济发展的产业集群不同类型及模式选择。

本章从技术创新、交易成本和知识溢出的视角分析产业集群的结构、内在联结因素、区位分布和发展形态,共分为三个部分:第一部分对产业集群的构成与联结因素进行分析,指出知识技术是产业集群的重要联结因素,知识溢出是产业集群发展的核心要素;第二部分讨论企业技术创新行为和产业集群地理区位分布的关系;第三部分按照知识管理理论分析产业集群的不同发展形态,讨论交易成本理论分析的局限性,指出科技知识在阐释集群发展方式中的重要性,说明产业集群发展的复杂性和不确定性。

第一节 产业集群的构成要素

一、产业集群的构成成分

一个成熟和完善的产业集群一般由共有的价值观念、集群机构和经济主体、共同的地理区位、集群主体之间的联系等要素构成。

（一）共有的价值观念

产业集群最重要的特征是集群主体拥有相似的价值观念,这些价值观念是群体对其伦理道德、工作活动、家庭生活、互惠互利以及变化革新的表达,在一定程度上,经济生活中所有重要方面都受集群价值观念的影响。某地区流行的价值观念为该地区的发展提出了一个基本要求,为区域再生产提供了重要条件,但这并不意味着,只有所有价值观念的结合才导致了该地区的生存和发展。在任何情况下,集群价值观念都不可能阻碍企业的发展与对先进科技的引进,如果集群价值观念产生了阻碍作用,该地区就不可能成为一个能够随着时间发展的实体,而是沦为一个社会停滞区。

（二）集群机构和经济主体

集群机构体系必须在集群内支持和宣传集群价值和观念,进而发展自身。这些机构不仅包括市场、企业、家庭以及学校,而且还包括地方政府、政党和工会以及其他公共或私有、经济政治、文化慈善以及宗教艺术机构等。另外,产业集群还拥有与自己进行的经济活动相关的专业技术或知识的企业和个体,这些经济主体还包含了诸如大学、研究机构、行业协会以及技术研究所等机构,这些机构在产业集群中开展相互合作,促进所有成员进行技术知识共享。这类机构被认为包含"协会式经济"（Schmitz,2000）,还有学者认为它们构成了介于经济政策宏观层次和企业竞争微观层次之间的"中间层次"（Stamer,1999）。

（三）共同的地理区位

产业集群内涵还强调集群成员密集地选址于一个特定的地理区域之内,因此,相关研究的重心是由企业高度地理集中所直接产生的优势经济类型。关于产业集群的研究已经对这些优势经济类型做过大量的分析(Czamanski 和 Ablas,1979;Feser 和 Bergman,2000)。产业集群可以在特定贸易联系和客户—供应商关系方面发展内部规模经济,在本地网络和联系方面,可以牢牢依靠创新性企业来支持其新型产品和服务,值得注意的是,这些优势均紧密依赖于一个产业集群中企业的高度地理临近。

(四)集群主体之间的联系

紧密联系的社会群体是产业集群经济实力和集群持续性背后的重要因素,"协会式"或"中间层次"的集群机构和集群主体在提高具有良好目的的合作中效果明显,这些合作对于在国内或国际市场竞争中寻求成功的企业来说,具有提高绩效的作用。

事实上,产业集群内部生成的以规模或知识为基础的优势是由集群内部成员之间特定联系的特点决定的。在一个发展成熟的产业集群中存在着众多的联系,包括:

——共有客户(包括企业和个人)。

——共有供应商和服务提供者。

——共有的基础设施,如交通、通信和其他公有设备等。

——共有人才库,如技术熟练的专业人员和专业化的劳动力。

——共有员工教育、培训及辅佐设施和渠道。

——共有大学、研究机构及专业科研机构。

——共有风险性资本市场。

二、产业集群的内在联结

产业集群中的成员能够进行资源共享和拥有共同的产品、科技和知识库,研究者将产业集群的这一重要特征描述为可将集群粘贴在一起的社会联结剂(Porter,1998),也有研究者将其称为共用联结剂或组织联结剂,这种联结剂能够集合多种结构主体并跨越文化、组织和功能界限,把各集群成员联合在一起(Evans,1993;Morosini,2002)。

产业集群通过社会联结剂将集群粘贴在一起的,同时也拓宽了集群成员接触到重要资源和信息的渠道,使其能够深入集群内接触具有竞争性的资源。在一个经济体中,如果仅仅是企业、供应商和研究机构之间的合作,也可以创造出潜在的经济价值,但是这并不完全保证它的实现,这就要求经济体中各个主体之间具有面对面的接触、拥有共有兴趣以及作为"内部人"等的条件。在产业集群内部正好具备这些条件,这些重要的联结条件或因素可以描述为:集群领导能力、集群构建框架、集群交流和知识互动与专业人员流动等四个方面,具体分析如下。

(一)集群领导能力

成熟的产业集群是由一些重要的具有明确功能的单个企业专门合并而成,受益于集群的所有成员的共同利益在于培养共同合作、知识共享和纠纷裁决的能力等,每个企业及其功能明确地被该集群中的所有主体所识别和接纳,这就需要集群中支柱企业或核心企业家具有很强的领导能力。许多研究已经对不同产业集群环境下领导功能做出了著述,例如,中国浙江和福建的一系列行业协会:服装协会、鞋业协会、打火机协会等作为集群的领导组织,将地区各个企业激烈竞争的局面转变为在该行业紧密合作的产业集群。另外,各行业协会注意培养一些有前途的企业家,并且培养提高这些人的领导才能,使集群能够健康发展。在成熟的产业集群中,类似行业协会这样的"中间层次"的机构往往扮演着这些协调机制发起者和管理者的关键角色。

(二)集群构建框架

集群构建框架一般包括社会文化关系、共用语言、集群产业和氛围等要素。集群主体之间强有力的社会文化关系能够创造和加强互信和积极合作的行为模式;共用语言,并不是指表面上使用的语言,还包括技术、商业及组织专用术语,以及对集群产业、集群氛围、集群专业劳动力、集群产业基本竞争动态的商业理解等(Rabellotti,1995;Simmie 和 Sennett,1999)。稳定的产业集群形成了一个清晰、共用的组织知识库,组织知识库可以跨越功能、文化和企业专用的界限而被所有成员使用,产业集群的经济实力、竞争力是同集群社会文化和经济价值,以及支持和发展该价值的科研机构紧密联系在一起的(Pyke 等,1990)。

(三)集群交流和知识互动

功能良好的产业集群中往往存在有规律的知识交流、员工互动以及集群成员不断培养的身份共同感。在产业集群所有成员中培养不同于外界的身份共同感包括开发共用的产品或质量标识以及清晰的共用质量标准。在产业集群中采用了一系列有规则、明确的、高度发达的机制来进行惠及所有成员的重要技术和商务知识共享。具体内容包括:积极推动集群内部企业之间相互合作和技术转换;提高研究中心、技术机构、大学、智囊团、行政教育和员工培训机构等之间的合作;企业间共同开展的技术创新、产品设计、加工制造等活动;本地或国外出口和贸易组织等。产业集群中的交流互动活动以及开展具有较高层次的集群企业内部合作,在宏观经济和竞争环境中能提高产业集群的适应性。

(四)专业人员流动

在一个竞争高度激烈的产业集群内,通常都有一个与集群主要经济活动有关的技术知识专业人才库。这些专业人才的跨企业的活动范围一般也局限在集群界限的范围之内,该现象最明显的案例可能就是硅谷,在硅谷中存在着大量的有天赋和有创业精神的人才,他们具有很强的移动性,经常从一个企业跳到另一个企业,或者开办自己的企业,但是这些移动一般都是发生在硅谷的地理范围之内(Leonard 和 Swap,2000)。在产业集群内部有天赋和技术的专业人员持续性的流动促进了集群经济主体间新知识、技术转移、合并和复制模仿的发展,提供了企业间共享隐性经验,是实践经验和知识的有效载体。

三、产业集群的核心要素

如果分析不同地域部门中不同产业集群的发展,仅对某个集群中活动者关系和交易特征的描述,即便是非常详细的解释,也只能作为最终解决方案的一部分,所以仍有必要分析产业集群与知识溢出和技术创新过程本质相关的问题。如果考虑到知识更为广义的概念,在理解为何特定科技类型趋于在特定区域繁盛,又是如何影响集群发展时,可以认为产业集群发展是由产业集群基础科技知识库影响和决定的,正是知识的本质变化和新知识的出现决定了某个集群的发展逻辑会不会以及怎样随着时间的推移而发展。

(一)知识溢出是产业集群发展的核心要素之一

为了解释特定类型产业集群的地理区位分布差异性,首先应该解释对于在空间上进行集聚活动的每个企业来说,面对其他潜在竞争者或合作者,他们可以计算的收益和代价分别是什么?即在企业和集群关系上,企业是如何处理本地知识和信息溢出的潜在负的外部性和正的外部性。对于这个问题可以分别从知识溢出的两个方面来观察,即知识流入和知识流出,企业对于知识溢出的看法,无论知识流出还是流入,将依赖于对这两种作用相对重要性的评价。

可以认为所有企业都会积极评价知识流入,但是非意愿性的知识流出会对企业产生积极和消极两个方面的影响。企业非意愿性知识流出的潜在积极效果是知识的公众化,在本地知识流出过程中,通过增加本地知识库的途径有助于知识良性循环,其积极效果极为重要,这种现象对其他技术创新型企业的吸引力更大,能够导致更大范围的知识流入,因此是一个比较典型的理想化的发展过程。非意愿性知识流出的隐形消极效果是高价值智力资本和隐性资产的流失（Grindley 和 Teece，1997）。产业特点和企业结构将会影响企业对知识流出的认识。

首先，在竞争性很强的市场结构中，如果存在着大量企业，且每家企业占有相对较小的市场份额和利益，参与竞争的企业因知识流出而产生的损失较小，而获得来自一个强势集群地域的知识流入的收益很多，那么，在这种情况下本地知识的公共性优点将会成为主流，企业一般认为知识流出是积极的。

其次，在市场供应垄断产业结构的情况下，如果只包含几家大型企业，而且每家企业都占有和享有很大的市场份额和战略性依赖关系，在这样的情况下，知识的隐性优势通常占据支配地位，那么，向行业竞争对手的知识流出在丧失竞争优势方面的代价极高。当一家企业的知识流出比其从竞争对手处获得的潜在知识流入更重要时，非意愿性知识流出的总体净效果将会被视为消极的，这将促使企业决定不按纯集聚集群形态选址，虽然企业选址仍需依赖于交易成本，它们将考虑将企业选址于以稳定策划和长期企业关系为特征的产业集群中。这也印证了许多大型企业并不将其知识创新活动同其竞争对手的知识创新活动设置在临近区间（Cantwell 和 Santangelo，1999；Cantwell 和 Iammarino，2003）。

最后，产业集群被认为是运行在集群企业互信关系基础之上的，但是一旦引入内向和外向型的知识溢出，信任关系将会出现折扣。

（二）企业知识学习是产业集群发展的核心要素之二

首先，当科技、知识成为经济增长的内生变量时，任何区域地理系统活力均建立在对知识的获得和有效利用基础之上，依靠知识溢出三个主要功能维度：创新技术和科学知识的产生、知识库的创新扩散和企业对所需技术创新知识的吸收。产业集群中的企业通过这三个功能维度获取外部知识，同时，企业需要建立自己的知识库,并提供潜在的共同学习过程,通过该学习过程,科技和知识可以被创造、传播和应用。

集群企业学习过程本质上是一种社会共有现象,在解释技术创新、知识溢出和集群发展关系时,集群科技能力和科技辐射范围等要素尤其重要,集群科技能力是指区域地理系统投入技术创新和组织过程以及技术创新制度的变化,是集群实施与新科技相关联的技术特征能力;而科技辐射范围是指集群离技术前沿的距离。能力和知识互补在产业集群发展的过程中呈现出更多的优点,越多互相依赖的知识碎片被整合起来,就能保持更高的技术创新率。对于默认知识和"黏着"知识的交换是通过动态性非正式渠道和应用学习途径,这种知识学习过程被认为是嵌入式学习,存在于各种活动参与者和组织之间互相作用的特殊性环境之中(Audretsch 和 Feldman,1996;Feldman,1999)。

其次,一家企业对技术创新的回归其实主要是对其默认能力创造性的回归,这一过程受到新的潜在公共知识的支持,但其并不可能最终简化成为后者。知识在组织机构和企业界限内"黏着"的同时,在企业外部环境中也具有"渗透性"或易于转移性,并能生成知识流出。在组织机构内部无法转移的思想、发明和实践,在一定情况下,会在组织机构外部流动起来(Brown 和 Duguid,2001)。

知识被局限于特定地理领域的主要原因是由其自身固有的复杂性造成的,特别是关于技术知识方面,这将使互相起作用的活动主体和组织之间的知识共享获得变得困难起来。知识这样的一种固有复杂性可以防止知识被编码、被详述或被转移。因此,在知识通过信息的渠道被储存传播的过程中,不但从隐性的默会知识到编码的显性知识的转变过程本身具有问题,而且隐性知识在编码后成为显性知识,显性知识的实用性方面也是必须关注的(Acs,2002)。这些问题引出了知识"过滤"的假设,而且知识更广义的概念也包含着文化和体制差异,这些差异决定着其作用规模的空间格局,例如知识的产生吸收和扩散。

最后,通过将知识创新视为复杂化、系统化、渐增的过程,部分知识是隐晦和黏着的(无论是否编码),完全可以认为技术创新很有可能会在地理区位上高度集中,行业或企业结构和层次会促成很有特色的发展形态。

第二节 产业集群的区位分布

产业集群的理论基础来自 Marshall(1920)关于区域集聚经济正外部性的三个解释,即知识溢出、专业化经济和劳动力市场经济,主要的研究集中于聚集经济外部性在本地经济增长中的作用及所扮演的角色。最近十几年来自全球化竞争和国际供给需求变化以及科技进步速度加快,地理区位和本地经济增长之间关系变得比 Marshallian-Arrow-Romer(MAR)集聚模型更为微妙和复杂多变。

通过将科技、知识作为本地经济增长的内在变量,外加城市化经济、本地专利计数、技术创新支出费用和知识创造和技术创新等指数,MAR 模型得以延伸和扩展(Jaffe,1993;Acs,2002)。随着新经济地理学派与城市经济学派的兴起,研究认为,企业内部知识溢出虽然也会主导特定企业生产部门的发展,但企业之间的知识溢出在解释经济增长方面比企业内部溢出更为重要,关注产业集群、集聚形态多样性的文献越来越多(Krugman, 1991;Fujita,1999;Glaeser,1992;Henderson, 1995;Martin 和 Ottaviano,1999)。

企业技术创新分布行为中普遍存在不均衡的空间分布状况,在技术创新过程和区域发展的文献中,关于技术创新与产业集群区位分布的研究存在以下两种可以互补的分析框架。

一、技术创新生产周期理论的分析

技术创新生产周期理论主要是从不同行业或企业在不同的

生命周期中技术创新的活跃性出发,讨论由于行业或企业技术创新的地理分布差异,导致产业集群的区位分布差异。技术创新生产周期理论对产业集群区位分布有两种主要的解释。

第一种解释认为,产业集群分布是由行业或企业的技术创新的地理分布决定的,行业或企业的技术创新现象的地理区位分布实质上是由于该区域具有较强的创新性经济活动。在一个经济体中,在任何时期总有一些行业部门中的经济活动比其他行业部门存在更多的产品创新或过程创新,或者一些行业已经进入生命周期中生产集合的特殊时期,或者有些行业具有较短的生命周期活动而长期处于技术创新阶段,由于行业分布制约因素不同,加上生产技术特征、市场营销过程的不同,那么技术创新活动产生的地理区位可能会最终成为行业分布产业集聚的区域。

第二种解释认为,行业或企业的技术创新活动的地理区位分布是行业生产或盈利周期的时间与空间差异的结果,强调行业生产周期或盈利周期之间的转变对地理区位的要求(Markusen,1985),在早期技术创新阶段,拥有技术创新技术和存在风险投资机构是成功技术创新和不确定性管理的必要条件,当该行业发展到比较成熟的阶段达到一定的产量规模,生产方式惯例化之时,成本因素变得越来越重要,行业将自然地向生产资料、劳动力等要素成本较低的地区地理分散转移,因此,真正影响技术创新活动地理区位分布的因素取决于再生产周期不同阶段、空间和生产成本情况之间的关系。

以上两种关于产业生产周期中行业或企业的技术创新分布和产业地理分布的解释,均来源于生产周期理论,生产周期理论主要从行业或企业的生产周期出发,分析行业或企业在不同的生产周期技术创新行为的分布对产业集群分布与发展的影响。当然,上述两者解释又存在着不同之处:第一种解释是一个静态的分析框架,认为随着技术创新活动的发展,企业再分布行为方面是静态的,以至于产业集群地理区位的改变不会反映出行业或企业生产周期的各阶段;第二种解释是一个动态的分析框架,认为企业技术创新行为在分布行为方面是动态的,以至于产业集群地理区位发展会反映出生产周期的不同阶段,对于在生产周期各阶段一直保留在相同地域的经济活动,其所支配的区域也会随该周期的推移而变化。

二、技术创新空间聚集理论的分析

技术创新空间聚集理论的分析框架从行业或企业技术创新行为的空间分布差异出发,讨论产业群集群的区域分布,也存在着两种基本观点。

第一种观点认为,行业或企业的技术创新行为的地理区位分布是不同区域之间特色变异的结果,区域差异导致了技术创新和企业家在地理分布上的差异,从而造成了产业群集群的区域分布差异。此理论将研究重点集中在创造性和企业家关系上,认为区域特色通过已建或新建商业机构的渠道,支持潜在技术创新或新改进的产品或服务,实现和发展商业辐射功能。这种观点强调刺激和促进技术创新产生的一些因素:诸如由创意思想、技能、科技和文化组成的外部环境及技术创新氛围,认为在浓厚的技术创新氛围中,新的发明、技术、产品或服务得以出现,而且在一个可以将首创精神引入市场的宽松外部环境中选择与制定标准,有利于形成未来更广阔的市场。技术创新的外部环境十分重要,适宜的技术创新外部环境也是新企业结合科技和市场技能的最低要求,Porter(1990)主张在某一特定部门中,具有识别能力的本地市场和本地生产厂家的竞争对手,实际上是一种促进技术创新、促进产品或服务质量提高的催化剂。

第二种观点认为,技术创新活动最容易发生在中小型企业,而中小型企业的空间分布很不均衡,从而形成技术创新分布的区域差异,在此基础上产业集群区域分布出现差异。这种解释企业技术创新不均衡的地理区位分布涉及另外一种环境论,即将视角集中在地理区位的合作以及技术创新最易发生的中小型企业上,中小型企业由于规模较小没有抵御较大风险的能力,它们无法为自己的利益付出所有的关键性投入,所以中小型企业地理区位上的接近是建立在不同企业决策部门配合的共享经验基础之上,是互信关系发展的必然要求,在这样的背景下,社会网络形态强调了社会性和纯工具性商业链接在培育地方经济增长方面所扮演的角色。

在上述产业群集群区位分布分析框架中,明确认为企业技术创新行为与产业集群空间聚集有本质上的联系。当然,这种产业集群区位分布分析方法近些年来也受到挑战和质疑,一方面,在过去的三十多年中,交通运输和电子网络等领域广泛的技术变革已经在很大程度上缩减了空间交易成本,处于地理边缘的地方也能从经济发展中受益,因此如果仅仅考虑交通运输的交易成本,而不考虑其他因素,那么产业集群的逻辑根据就不存在,现代城市也就不会出现;另一方面,在现代社会中,为了确保使知识和信息转移更为便利,电话、网络等技术迅速发展,然而电话、网络交流和面对面接触之间不是互相替代关系而是互补关系,人与人广泛而频繁的面对面接触所涉及的费用,才是城市和产业集群产生的关键动力因素。这一点明确指出知识在地理区位方面的相关性,知识的诸多方面实际上是与特定地理区位相关的,完全有理由相信克服知识获得方面的现代空间交易成本是构成产业集群的存在基础和首要依据。

第三节　产业集群的发展形态

为了研究集群分布和发展的行为逻辑,不应仅仅以部门或区位为基础,还应该以集群的微观经济行为及目标、集群企业交易关系为基础,将集群的微观经济基础和抽象逻辑清晰化。通过将科技、知识作为本地经济增长的内在变量,外加城市化经济、本地专利计数、技术创新支出费用和知识创造和技术创新等指数,Marshallian－Arrow－Romer(MAR)模型得以延伸和扩展,并逐渐将企业技术创新、知识溢出效果视为解释集群存在和发展的主要分析框架。

一、基于交易成本理论的分析

利用交易成本分析方法讨论"地理区位—企业—产业组织"的关系,可以从一个角度解释集群中企业特点、企业关系及其所进行的交易本质,并在此基础之上将产业集群发展形态分为纯集聚形态、综合体形态和社会网络形态等三种(Gordon 和 McCann,2000;McCann 和 Sheppard,2003;McCann 和 Shefer,2004),其具体特征见表3-1。

表3-1 产业集群发展形态

特征	纯集聚形态	产业综合体形态	社会网络形态
企业规模	小型	大小企业共存	没有特殊要求
企业间关系特征	临时的、不稳定的	长期稳定的贸易关系	信任、忠诚、联合、交流、共担风险、非机会主义
开放性	开放	封闭	部分开放
形成动因	地租、区位接近	国内投资、区位接近	共同的历史、相似的经验、区位接近
空间产出	地租增加	地租不变	部分租金资产化
空间特征	城市化	区域化但非城市化	区域化但非城市化
典型案例	竞争性城市经济	钢铁、化学生产综合体	新产业区体
分析方法	纯集聚型	区位——产出模型、投入产出分析	社会网络理论

资料来源:Philip McCann,Tomokazu Arita,Ian R. Gordon. Industrial clusters, transaction costs and the institution determinants of MNE location behaviour[J]. International Business Review,2002(11):647—663.

(一)产业集群纯集聚形态

在纯集聚形态中,各企业在本质上是相对独立的,企业之间的关系是短暂的,当企业认识到不拥有市场权力时,会通过转变与其他企业或客户的关系作为对市场机会的回应,由此导致了激烈的本地竞争。因为各企业之间没有所谓的信任忠诚或其他特定的长期关系,所以对于所有本地企业来说,它们的存在仅仅会得到由集群而带来的益处,而它们所需付出的就是当地市场租金房价的攀升。由于从来不存在免费的市场租金,而且集群的大门会向任何组织或企业敞开,因此本地市场租金房价的上涨是聚集消极效果的指示器。这种集聚形态存在于个体城市中及局限于城市区间。

(二)产业集群综合体形态

这种形态涉及企业间频繁的交易,以集群企业间长期稳定和可预见的利益关系为特征。产业综合体集群形态在诸如钢铁、制造化工等行业中最为常见,由于它代表了本地区位投入分析和产出分析的融合,因此成为古典(Weber,1909)和新古典(Moses,1958)研究的最多的空间集群形态。为了成为某集群当中的一分子,在该空间集群的企业须承担一部分长期的投资,特别是实物资本和当地房地产方面的融合,这样的互相临近基本上是将企业间交通、交易费用最小化的必然要求。市场租金和地产租售金的增加并非是该集群形态的主要特点,因为在该形态中企业已购买的用地并不是为了再次出售。产业综合体中的空间概念是本地性的,但并不一定必须是城市的,其有可能延伸至国家级地域水平,并在很大程度上依赖于交通运输成本。

(三)产业集群社会网络形态

Granovetter(1973)最早研究产业集群的社会网络形态,在这种形态中,集群企业之间的信任合作关系十分重要,企业间的信任关系是此种形态的核心特点,不同企业的核心决策部门相互信任的关系至少同各组织内部决策层同样重要。集群企业之间信任关系可表现为多种方面,例如公用营业厅、合资、非正式联合、贸易关系方面的互惠措施,而且这种信任关系可以减少企业间的交易成本,有了信任关系,企业无须面对机会主义的问题。

产业集群社会网络形态所有的行为特征均依赖于共有的互信文化,而这一文化的发展又在很大程度上依赖于相同的历史和决策机构的经验。社会网络形态实质上也是空间性的,但从地理角度看,空间相近只有在相对长期内才能培育出这种互信关系,并最终导致充满信心、敢于承担风险和通力合作的本地商业环境的出现。空间上的接近是必要条件,但并不足以获得仅部分开放的网络准入,虽然一般组织机构有准入机会,但是本地租金并不能保证其顺利准入。

二、交易成本理论分析的不足

交易成本方法提供了分析产业集群空间集聚多样性的一个理论分析框架,行业或企业结构及其他因素被视为交易成本变化的结果,在很大程度上忽略了诸如知识创造、积累和学习等动态因素,具有一定的局限性。

(1)交易成本分析框架实质上是一种静态的分析方法特征,在典型的交易成本模式中规模经济、范围经济、交易和交易成本以及投入产出联系方面等指标大多数基于的是静态聚集经济效率所得,在产业统计中科技和企业准入、退出、发展与重新选址及与集群诞生、发展、衰落和开放等关系也是静态的。然而,产业集群并非处于静止状态,而是随时间的发展,集群可能会表现出多种形态综合特点,也可能在其生命周期中某一阶段,从一种主要形态转换到另外一种类型。知识创新和学习所扮演的角色可能是导致集群动态发展的特别途径。

(2)交易成本分析框架中关于知识和科技定义是狭义上的,有关市场契约性交易成本推理方法在很大程度上依赖于狭义上的知识、科技定义。知识定义的区别以及显性知识("编码"知识)与隐性知识(默会知识)之间的区别,在分析研究中是极为重要的

（Polany,1966）。经济学传统做法认为，知识是一种公共利益，因此知识被认为是在任何时间，任何地点、跨越地理疆界的无所不包无限制向任何人开放的，可以很清楚地看到这种分析方法把知识和信息视为同义词。数据、信息、知识和智能的关系如图 3-1 所示。

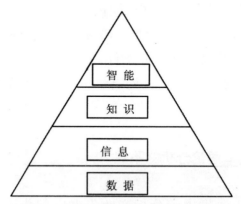

图 3-1　数据、信息、知识和智能的关系

一旦考虑到隐性知识，一般来说，隐性知识具有很强的"黏着性"，并且有地理上的不可移动性，那么创新在地理上的集聚的倾向性就会在默认知识起主要作用的行业或生产周期阶段更为突出，技术不能轻易地被交易或更换，只有潜在公共知识成分在交易成本分析中易于被评估。把将科技知识的概念缩小至相似于信息的层次，并将注意力集中于这些信息交易的组织时，就可能会过分强调一些问题（Winter,1987,1993）。

通过分析发现所有产业集群的发展，甚至某单一类型的集群发展都不是自发的，基本上归属于三个交易成本模式中的一种，只是当某种特定的逻辑占主导地位时，与其相适应的集群类型就会出现。同时，大多数关于产业集群的讨论均采用基于各种知识、信息、企业和交易成本概括性和程式化的区域经济地理模式，这主要是对近来白热化的本地知识溢出认定的回应，集群方式往往与实际中具体的产业和地理区位之间的相互关系没有明显联系，也与不同集群具体发展特征关系不大。在理解特定集群的地理区位存在问题时，应对产业组织的中心问题包括产业结构、公司策略、产业外部竞争本质以及知识和科技之间的关系等进行研究。

三、基于知识管理理论的分析

影响产业集群发展形态的另外一个主要因素是区域基础知识条件,包括技术创新的条件、技术创新的可能性、技术创新投资、技术知识的渐增度和知识库特征。区域基础知识条件可以解释在行业部门和地理层面的行业竞争动态中的不对称性及不同产业集群所依靠的不同途径。这样,产业集群被视为一种选择活动,它可以为企业提供满足技术变革新需求的有利条件,集群选择行为不仅影响活动参与者,而且会对环境产生变革性影响。对过去知识积累和学习、对本地知识结构特征的继承的过程又是由地理因素决定的,因此,路径依赖因素可以形成并约束产业集群发展机遇。产业集群的生命周期和对应的知识积累关系如图 3-2 所示。

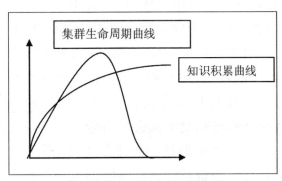

图 3-2　集群生命周期曲线和对应的知识积累曲线

为了讨论产业集群空间集聚的动态性,重视知识条件和经济增长之间多种联系渠道,通过引入知识识别、科技变革、技术制度和产业结构等产业集群中区域基础知识条件,交易成本分析框架得到整合、修正和延伸,从而能够更好地解释企业与产业结构和科技环境互相作用的方式,解释产业集群发展差异的原因。

（1）在理论分析上,在纯集聚形态中,空间的概念实质上是指城市,知识作为一个整体是明确清晰并被编码化的,它可以被任何活动参与者和组织机构获得,知识的生成不受于企业界限的限制。城市的典型性特征是多样化和混杂性,在城市内,各部门存在着不同流派,是不同的知识合成体,而且由于城市的增长特征是低水平渐增性,个别主体之间的联系或关系具有不可预见性,在这样的环境中,技术创新型企业通常履行知识密集型商业服务。

(2)产业综合体与积累学习的关系主要来源于行业和企业内部,并且建立在特定行业应用知识基础之上,一般显示出低准入和高产业集聚的特征,而该特征有可能显示出在空间层次的互补强势集中。大型主导企业占据了相关部门的大多数技术创新活动,而且这些企业可以从技术创新活动中获益。在某种程度上,是因为这些企业具有排除对手企业使用其所生产的新产品和工艺的潜力,在这些情况下,基于非转移经验的知识是在生成技术创新活动中的重要输入要素。因为技术创新是相对惯例化,在等级分明的政府机构的环境中生成的,因而主导企业比新成立的企业更有技术创新优势。主导企业扮演了关键的角色,而且权利不对称,主导企业对于价值链和技术创新智力系统极为重要。

(3)一旦集群形态在科技制度、治理结构及交易关系方面被区分开来,可以将交易成本分析框架中的社会网络形态分为两种:新型社会网络形态和旧型社会网络形态。

从知识角度看,在旧型社会网络形态中,并非一定存在任何明显等级结构,技术创新系统的总体协调成为合作与竞争的混合物。知识在很大程度上被编码成显性知识,它沿着指向发展技术创新的轨迹发展,而并非以私人联络和前向后向联系等方式传播。在新型社会网络形态中,科技机遇主要来源于企业和行业部门之外,在这样的科技环境之中,可以认为知识类型趋于一般化和非系统化,而且存在着高市场准入率和退出率、市场份额强烈的波动性以及低水平的市场集聚。在此情况下,知识的默认和黏着特征便要求地理上的接近,技术创新时常与科技和需求以及市场动荡高度不稳定相关。结果,少量新企业的存活同其高水平技术创新息息相关(Alchian,1957)。

从地理角度看,新旧型社会网络形态技术创新治理特定系统之间也存在差异(Moulaert 和 Sekia,2003；Simmie,2004)。在旧型社会网络形态中,社会网络形态通常植根于历史经验中,网络主要基于地理上的空间接近性；而新型社会网络形态则依赖于多种实践团体,这些团体并非一定要求空间维度,关系接近性和认知接近性通常是新型社会网络形态的基础。

在实证分析中显示,行业内部知识溢出会在科技发达的地域中心崛起,溢出基本围绕核心技术制度运行,因而连接起了不同专业领域的活动参与者。这些科技发达中心,经历着较快旧技术和新技术的合成过程以及潜在的激烈的竞争,最终导致了科技集群的上升或下降的过程。上述讨论可以提供一个分析已知产业集群是怎样随着时间而发展变化的理论框架,当然,知识学习理论的分析方法也存在不足之处,就是这种方法忽视了其他支撑空间集聚的可行性机制,也不涉及诸如在集聚经济方面由科技变革和全球化过程而引出的集群发展和干扰变化之类的问题,也不能全面解释产业集群类型的多样性和产业集群不同发展阶段和发展形态,因为在某种程度上,这些分析在对其专业化或多样化集群应用方面并不具体。另外,从一个分析和决策的角度,重要的是识别上述这些理想化的产业集群类型最接近于已知的产业集群类型,识别哪些理想化的科技知识最接近分析中产业集群的主要特征。

在现实中,可以观察到企业可能在空间上聚集在一起,存在着各种复杂多样的产业集群发展方式,不可能建立起统一的或确定性的产业集群发展途径。在已知情况下,产业集群随着时间的变迁而出现,一些特定产业集群的进化和发展形态更为普遍。为了识别产业集群典型进化途径和变迁,可以利用一些例子来阐述产业集群发展的复杂多变性。

比如,全球汽车业行业集群的发展经历。最早的汽车业行业集群出现在大西洋两岸,美国和欧洲,汽车行业集群的早期发展接近于"纯集聚"类型（Boschma 和 Wenting，2005）。但随时间的推移，该形态发展到现在，发展成为典型的"产业综合体"形态，在"产业综合体"形态中主要由大型市场垄断企业占据支配地位。这些企业聚集在特定区域，并拥有复杂和高度组织化的输入—输出供应链系统。那么，汽车行业集群的演化过程就是以纯集聚形态向产业综合体形态的发展过程。

再如，全球大多数半导体和电子产业最初出现于其他领域的垄断企业，如防务缔约、照明工程或广播电信业。美国、欧洲和亚洲的大型垄断企业从事着晶片加工和组装活动，它们垄断着全球大多数的半导体产业。这些大型企业的选址基本上遵循了比较传统的选址标准，即注重不同地域的协调商业活动的特定选址因素成本和交易成本。同样，这些企业在空间上集聚时，其选址组织特征基本反映了"产业综合体"形态（Arita 和 McCann，2002）。这些特定选址行业最初以"产业综合体"形态出现至今已有 50 年的历史了。

以硅谷为例，硅谷半导体行业在战后早期以典型"旧型社会网络"形态为特征，该行业在 20 世纪 70 年代开始则沿着"新型社会网络"形态的路线发展。而至今，其已发展成为类似于"纯集聚"形态，并显示出以产品和技术的供应者为主导的特征（Arita 和 McCann，2004）。硅谷大量涉及技术创新得以成功主要得益于其他地域该行业的小型化创新中的晶片处理和晶片组装件生成。同样的，硅谷集群的发展过程是从"旧型社会网络"到"新型社会网络"形态再到"纯集聚"形态的过程。

台湾地区新竹的电子产业被誉为另一个硅谷，其特长在于电子设备的生产和组装，台湾地区新竹的电子产业从出现于 20 世纪六七十年代以来，一直到目前四十多年一直保持"产业综合体"形态。同样的，在该特定群聚中，没有出现实质性的产业集群发展途径。同时，北京中关村周边的科技电子企业群聚的出现实际上是以"旧型社会网络"形态向"新型社会网络"形态发展的过程，当然这个群聚系统的规模太小，目前还无法将其视为类似于硅谷那样的产业集群。

另外,类似于生物科技和多媒体等行业集聚,它们出现比较晚,但是发展速度极快。在该类行业集群中,大量的技术创新出现于大型的跨国垄断企业,而这些企业的选址标准具体反映了"产业综合体"形态。当这些行业的小型企业出现地理上的集聚的时候,它们则最接近于"新型社会网络"系统形态,在该形态中,行业间的知识溢出来源于不同种类的网络综合,而且技能创新附属的能力依赖于其本地"嵌入"(Cantwell 和 Piscitello,2005)。

四、小结

根据以上分析,首先,产业集群的形成与发展不仅受到交易成本的影响,更与技术创新、科技机制和知识溢出等关系密切。根据技术创新和科技革新理论,技术创新者一般会出现在科技机遇、知识溢出最多的地区,一旦有充足的机会、高度的适用性和渐增性,技术创新者便会自动集中起来,导致集群的快速出现。

其次,知识技术总是趋于隐性化、复杂化和系统化,产业集群的出现是由行业及企业知识特征决定的。交易成本理论和扩展后的知识学习观点认为在很多情况下,通过集聚在一起,企业之间的非正式人际联络和知识交换,知识的转移会更加便利。相反,如果某行业知识库具有简单、被编码化等特点,在少量机会、低适用性和渐增性的情况下,集聚的意义并不显著。

因此,仅仅是行业特征、技术和知识特征还不足以决定可能出现的产业集群发展形态。知识学习和技术创新过程、企业和行业特定特征以及制度和治理背景,所有这些因素一起共同作用,才能解释产业集群及其发展轨迹的多样性和复杂性,才能理解这种多样性和复杂性。另外,为了证明知识溢出在产业集群发展过程中的作用和影响,应该考虑产业集群中内部知识系统运行情况,动态的分析知识溢出在产业集群发展的微观层面的影响,特别是分析知识溢出和集群企业技术创新行为的关系。

第四章　高技术产业集群中知识溢出效应分析

第一节　知识溢出与集群企业产生成长

改革开放 30 多年以来,中国已经成为产业集群发展最快的国家,但是中国产业集群总体上的特征仍然是数量少、规模小和发展水平低。中国应该加快培养和发展自己的产业集群,在建立发展产业集群的时候,影响和决定集群发展壮大的因素之一是产业集群中支柱企业及其衍生企业的关系问题,衍生企业产生与发展的条件并不仅仅限于环境、资金、政策等,其中可能的一个重要因素就是集群支柱企业的知识溢出效应。在产业群集群之外的区域,由于知识短缺、知识流动性弱,没有形成良性的知识溢出外部性,容易产生知识生产及利用的恶性循环;在产业集群中知识溢出、知识共享现象频繁,每一个企业拥有更多接触和利用知识的机会。在这种情况下,企业的技术创新学习创新活动越频繁,知识溢出现象表现得越突出,短期内越会出现企业知识流失、企业知识存量减少的现象,但是,知识溢出的长期结果是在产业集群中的较高技术创新回报预期激励下,企业进一步加大科技投入,积极进行组织学习,从而改善本企业的知识存量以及产业集群的知识资本构成。

本章首先动态的分析知识溢出对衍生企业的形成、发展的影响,主要分析技术和市场先驱隐性知识对产业集群衍生企业的影响,讨论知识溢出和衍生企业生存与发展的关系;其次,重点通过模型分析产业集群中知识溢出如何影响衍生企业的现有知识存量,以及面对知识溢出正负两方面的外部性,并通过实地调研案例分析知识溢出、企业技术创新行为和企业知识存量的变化。

一、知识溢出与集群企业产生

基于知识网络理论,知识已成为产业集群最具竞争优势的资源之一,促进组织内网络节点的知识共享与转移是集群创造竞争优势重要的关键,网络特征会对企业网络中知识转移产生影响。产业集群中支柱企业进行知识有效开发的能力不仅体现在集群知识的有效输出,而且体现在衍生企业能否有效地消化和吸收。从衍生企业的角度研究知识的流入与流出及其影响因素,可以建构集群内部知识转移的理论模型,有助于了解集群如何促进组织内的知识共享与转移,以提升集群整体竞争力。

假设不同类型隐性知识的价值可能相互依存,集群支柱企业对隐性知识的组织管理对员工的创业所产生的影响作用会比人们所想象的更复杂,作为隐性知识的媒介,员工创业如何影响到知识转移的黏度并由此影响到它在新建企业中的内部消化过程。一些研究证据表明知识存量丰富的产业集群是创业的温床,更容易产生大量衍生企业,但是关于知识溢出、知识存量和企业衍生的研究都还不够充分,没有验证是丰富知识本身会导致员工成为企业家,还是集群支柱企业如何使用其所掌握的隐性知识所致?另外,没有明确的验证新建企业是否真的继承了集群支柱企业的知识,知识是否是继承得来的,以及进入前和集群支柱企业之间的关系问题是如何决定衍生企业的创业禀赋的,初始知识禀赋的印记作用是否继续,以及是否继续影响新建企业的组织学习,这些问题有待于进一步研究。

根据一个基于知识的观点,组织的基础是知识的生成、结合和开发,对于企业而言,现有企业所拥有的知识通常是从竞争优势中体现出来(Conner 和 Prahalad,1996),这一观点关注的焦点是通过个人经验获得隐性知识建立企业,当然,通过技术突破以及对客户需求的透彻把握而获得的知识同样也会催生新企业的产生。由于知识是掌握在人的手中,所以员工可以利用当前受雇企业投资所创造的新知识来开创自己的企业。员工创业的潜能来自于集群支柱企业知识库的不完善和可渗透性,由此导致新企业从其中产生。惯例、规则和程序等知识从集群支柱企业向新企业转移的过程,既是集群支柱企业对衍生企业授权的过程又是对其限制的过程,集群支柱企业和新建企业之间的这种关系可能在新企业形成以后还继续有影响力。

关于集群支柱企业与衍生企业的产生可以从下面三个角度分析:其一,导致衍生企业形成的知识溢出;其二,衍生企业对隐性知识的继承及其媒介;其三,集群支柱企业的知识管理对衍生企业的影响。

(一)导致衍生企业形成的知识溢出

关于由员工流动导致的知识溢出的研究关注管理人员迁移引起的知识扩散和组织结构变化,重点调查拥有隐性知识的专家主动离开企业由此对原企业所产生的影响。研究承认黏性的隐性知识的转移的困难,但强调组织知识可以在企业之间转移,这些转移可能包括用于将资源转变为行动的独特观察力和决策规则、认知层面的能力和具体的知识与资料。企业的隐性知识不仅植根于团队和企业日常事务之中,而且还驻留在员工个人的人力资本内,员工在吸收企业文化的过程中,同时也学习了与技术创新和营销等功能性技能相关的程序性知识和叙述性知识。由于原企业对员工的控制程度是有限的,员工有按照自己意愿辞职的自由,所以人力资本具有流动性。因为对知识占有的觉察有着固有的难度,并且市场机制保护知识的效力有限,所以员工可以离开原企业后占用原企业所掌握的隐性知识并可能建立自己的企业。

尽管企业可以增加员工的退出成本,但是这些激励机制都受代理成本的影响,道德风险和信息不对称会导致员工与企业产生一些契约问题,由于创业企业给员工的报酬更大,原企业为了稳定其员工的激励措施可能无效。这意味着新建企业的能力可以与其所继承得来的知识有联系,而且转移的媒介可能会影响到知识转移的效度。新建企业能力的差异性与原企业之间的雇佣关系以及进入前的知识有关,企业的起源是决定资源差别、策略以及绩效的重要原因,创建者与原企业的雇佣关系对新建企业的生存有着重要意义。

(二)衍生企业对隐性知识的继承及其媒介

已有企业把握新机遇或者抵挡落后的威胁的能力取决于他们重新配置资源的能力,而新建企业则取决于它们的技术创新与营销方面的能力。企业技术创新成果的潜在价值在于可以通过迅速理解和满足顾客新的需求在市场上得到释放和利用,因此,企业的技术隐性知识反映其产生新科学和发现新的技术的能力,而市场先驱隐性知识则预示企业能否在对手之前将技术革新商业化。市场先驱的能力在产品周期短的市场尤为重要,该类产品在其生命周期初级阶段之后,价格会急剧下降。因此,这两种能力是互补的,技术革新要转化为市场应用,这样企业的技术创新能力才有所回报。

在技术和市场两个层面任何一方面拥有丰富的隐性知识的集群支柱企业,往往更可能产生衍生企业。工作的地方可能对员工感受创业机会的能力有所影响,在具有丰富知识企业工作的员工可能拥有与众不同的信息,使其能够先于他人发现潜在的机会。由于信息不对称性是创业的核心,因此能够获得有价值的知识就有可能形成优势,在拥有最先进知识的企业中工作的员工有助于形成知识走廊,通过加强理解、推断以及利用新的方法创造性的扩展知识的能力,促进对机会的识别。由于在市场上利用机会取决于发现机会,而新的企业机会的发现可能由先前的信息和现有的能力所触发,因此,在掌握最先进隐性知识的企业供职的员工更有可能觉察到创业的机会。

另外,由于雇佣关系,处于先进地位的企业员工更容易筹集到开创新企业所需要的金融来源和其他资源。在筹集资金的过程中,资金的提供者与接收者之间充满着信息不对称性,技术越新,市场越是刚刚形成,信息不对称性很强。在缺少明确的质量指标时,投资者在做出决定时依赖于有证明的提示,这种提示可能来自隶属关系。与地位高的企业的从属关系不仅影响人们对员工的技能与可信度的感知,还会影响人们对新出现的技术革新的意义的感知。企业创建者在名牌企业的工作经验会传递身份信息,使新企业合法化,知识丰富的企业的员工因此可以获益,从而促进新创企业所需资源的流动,因此与集群支柱企业的隶属关系还会影响到资源的获取。

(三)集群支柱企业的知识管理对衍生企业的影响

集群支柱企业是否拥有丰富知识、是否具有认清机会的能力和投资者的信任度是建立新企业的基本条件,能否抓住这些潜在的机会来建立新企业取决于集群支柱企业是如何对其知识进行管理和利用的。如果支柱企业的战略只是强调技术隐性知识或者市场先驱隐性知识,结果仅仅是会发现机会但是不会利用该机会,新的技术突破没有被商业化。对于刚刚出现尚未得到满足的顾客需求的洞察还没有技术革新去实现,这些都是隐性知识没有得到充分利用的表现。因此,衍生企业的产生并不简单的取决于原企业的知识丰富与否,更主要的取决于原企业使用的知识管理方法。

产业集群内是否产生新建企业和集群支柱企业是否有效管理与利用其隐性知识有关。未被商业化的技术与没有被利用的市场机会,尤其是具有重大价值的和开创性的技术和市场机会,会增加员工出去冒险的自信心,增强他们开创企业的倾向。一方面,如果集群支柱企业不是同时发展自己的技术和市场先驱隐性知识,就有可能使员工产生挫折感,他们会认为企业在组织上对价值的创造或者价值的利用有所忽视。支柱企业对现有顾客的依赖不仅妨碍市场策略的定位,而且使技术发明得不到商业化,技术人员产生挫折感。另一方面,如果企业开发出有前景的技术发明,但是没有进行积极的市场化运作,这种行为上的迟钝和不作为就会导致员工的抱负与当前企业的前景之间的巨大差距。企业与个人目标上的分歧会使员工职业满意度下降,员工流动性加大,员工的风险倾向增强,并使他们创办自己的企业的欲望变得强烈。

同样的道理,如果支柱企业通过使用其所拥有的隐性知识,并及时地对技术和市场先驱机会做出反应,就可以避免科研人员或其他专业人员觉察他们的想法或发明被搁置而感到恼怒或受挫。在这个层面上,由于技术和市场先驱隐性知识具有互补性,能起到协同作用,集群支柱企业可以通过调整企业与个人的目标,能够降低员工受挫感以及抑制员工创业。另外,一般支柱企业不愿意追踪某些技术就可能导致员工发现大量创业机会,从而降低了他们的进入与生存障碍,如果母体企业抢先进入刚刚出现的领域,将会限制具有吸引力的机会的可获得性,可以阻止衍生企业的形成。因此,集群支柱企业的技术或者市场先驱隐性知识的增加会增加衍生企业产生的可能性,如果支柱企业对这两个方面同时加强管理则会减少衍生企业产生的可能性。

二、知识溢出与集群企业成长

技术和市场知识一般是以隐性知识和能力资产的形式为员工所持有,当员工离开原企业并开创新企业时,他们就带走了隐性知识。

(1)与技术和市场相关的知识与技能就通过新企业创建者从在职集群支柱企业转移到衍生企业,衍生企业的最初知识禀赋因此就与创建者在原工作时的集群支柱企业知识联系起来。这种通过继承得来的知识初始存量很可能对衍生企业产生长期的效果,知识初始禀赋的差异可能把企业定位到不同的发展道路上,同时,新建企业的知识吸收能力也与现有相关知识相联系,因此,对集群支柱企业的知识继承可能与衍生企业的知识积累长期有关。相关研究表明衍生企业的技术和市场先驱隐性知识的水平，与企业创建时母体企业的知识水平呈正向关系。

（2）从集群支柱企业产生的衍生企业由于继承知识和企业来源的差异，在知识与生存上与其他类型新建企业也就可能有所不同，衍生企业可以通过创建者从集群支柱企业获得知识，从原企业的知识转移中获益。对于具有黏性的隐性知识，集群支柱企业未必知道它的存在或者不能利用它的价值，而新建衍生企业的创建者可以将黏性知识进行有效的转移，从而增加企业整合知识和成功获得知识的能力。新建衍生企业的创建者的综合管理职责就是建立一个整体构想，创建者作为员工之间的媒介增加员工采用新的做法的可能性，通过渐进性常规化的活动进行知识转移。

另外，新建衍生企业通常是由来自不同背景或不同企业的多个员工一起创建的，他们拥有行业内幕知识，会更加主动的在先前工作的企业或行业圈子内搜寻有价值的信息，以在隐性知识的各个部分之间形成协同作用，这种有目的的搜寻更有效果，更能增加组合隐性知识在新企业的潜在价值。企业创建者为了从其所掌握的隐性知识中充分获利，从而更具有将共享知识转化为实践的动力，而一般普通员工则由于代理问题或激励问题对知识共享具有抑制作用，不愿失去对知识的独占，但是创建者则不会产生自己与企业的分歧，有用的知识更容易在企业内传播。

（3）由于衍生企业是由集群支柱企业员工创建，新建衍生企业比其他类型新建企业往往具有更高水平的技术和市场先驱隐性知识，在生存与发展上更加有优势。衍生企业具有行业内幕知识，加上创建者的企业家精神，从而形成企业资源差异、策略和业绩的一个重要源泉。除了初始知识禀赋优势外衍生企业的创建者还能够从以前的客户联系及关系网络中获益，能更好地克服新企业经常面临的难题，创建者的社会资本对企业的生存具有积极作用。尽管所有新企业的创建者都会引入社会资本，但是衍生企业创建者的社会资本与他们所从事的行业关系更加紧密，因此，和行业中现有企业没有雇佣关系的创建者相比，他们的社会资本更有价值,衍生企业比其他新建企业更具有优势,衍生企业创建者在获取行业信息和企业创业源泉方面更具有优势。

另外,创业型衍生企业具有更高的自主权,结构简单,没有官僚惰性,能迅速完成资源创造性的结合和交换。衍生企业的创建者的动力来自其所要达到的目标,他们的生活与企业业绩紧密相连,创业者具有更高的冒险倾向,喜欢进行革新。衍生企业经营人员的创业热情与能力都比其他新建企业高,因此,衍生企业的生存可能性可能比其他类型的企业大。

三、案例分析

(一)调研经过

"西部企业发展中的障碍与制约机制"(项目编号是05JJD790021)课题组成员于 2009 年 10 月 25 日到达青海省西宁市,调研对象选择青海华鼎实业股份有限公司、西宁特殊钢股份有限公司、青海机电国有控股公司、青海洁神装备制造集团有限公司等公司。10 月 26 日对青海华鼎实业股份有限公司进行调研,主要方式是与公司高层和中层管理者进行访谈,发放调查问卷,公司的实地观察及索要公司相关资料;10 月 27 日对西宁特殊钢股份有限公司进行调研,采取相同的方式获取信息资料;10 月 28 日分别对青海机电国有控股公司、青海洁神装备制造集团有限公司进行调研;10 月 29—30 日进行资料的整理。

(二)调研企业简介

在被调研的企业中,青海华鼎是股份制公司,西宁特钢是国有股份公司,青海机电是国有控股公司,青海洁神是私人控股公司。

(1)青海华鼎实业股份有限公司是于 1998 年 8 月按照青海省人民政府"东西结合、优势互补、共同发展"的原则,由原青海重型机床厂作为主发起人,联合广东万鼎企业集团有限公司等五家企业共同发起设立的股份制企业。2000 年 11 月,经中国证券监督管理委员会批准,公司向国内公开发行了 5 500 万股 A 股股票,成为青海省第八家上市公司。公司注册资本 18 685 万元,拥有总资产 10 亿元,净资产 4.50 亿元,现有员工 3 200 人,其中各类技术开发人员 375 人。2006 年,公司完成工业总产值 8.7 亿元,比上年增长 32.49%,主要经营指标近几年保持 25% 以上的增幅。

(2)西宁特殊钢股份有限公司是经青海省经济体制改革委员会于 1997 年 7 月 8 日以青体改[1997]039 号文批准,由西宁特殊钢集团有限责任公司为主要发起人,联合青海省创业集团有限公司、青海铝厂、兰州炭素有限公司、吉林炭素股份有限公司、包头钢铁设计研究院、吉林铁合金厂共同发起,采取社会募集方式设立的股份有限公司。公司旗下共有一家全资子公司、三家控股子公司,拥有铁矿、煤矿、钒矿、石灰石矿等资源。1997 年 9 月 10 日,经中国证监会以证监发字[1997]441 号和[1997]442 号文批准,发行人向社会公众公开发行人民币普通股(A 股)股票并于 1997 年 10 月 15 日在上海证券交易所挂牌交易,股票简称"西宁特钢",股票代码600117。截至 2009 年 6 月 30 日,公司总资产 108.38 亿元,净资产 25.52 亿元,公司总股本 741 219 252 股,其中有限售条件流通股 335 010 921 股,占公司股本总额的 45.2%;无限售条件流通股 406 208 331 股,占公司股本总额的 54.8%。控股股东——西宁特钢集团有限责任公司持有 36 967 万股,占公司股本总额的 49.87%。

(3)青海洁神装备制造集团有限公司是 2001 年成立的全国首家中美合资垃圾清运设备制造企业,2004 年收购了原青海曲轴厂,通过增资扩股后于 2005 年 6 月成立了有限责任公司,2006 年收购原青海工程机械厂,实现了行业内部资源整合,并成为青海装备制造业的龙头企业。集团公司下设 2 个控股子公司,3 个全资子公司。公司现有员工 1 200 人,其中拥有中级以上职称的专业人员 280 人,占 23%,专业技术创新人员 128 名(享受国家津贴的专家 10 名)。2006 年,集团公司实现销售收入 3.3 亿元,上缴税金 1 314 万元,实现利润 2 446 万元,成为青海省 50 强企业之一,并取得了很好的经济效益和社会效益。

(三)企业衍生及技术创新途径选择与其知识存量变化

在调研中发现上述公司的主体部分历史上都属于国有企业,在"三线建设"时期根据国家利益的整体布局,企业设在青海省西宁市。在随后的企业发展中,每家企业的发展道路各异,从本文的研究角度出发,分析企业技术创新途径选择和每家企业的发展情况。

(1)西宁特殊钢集团有限责任公司曾经是军工企业,是国家特殊钢材生产加工的领军企业,企业拥有很强的技术优势。在企业进行过股份制改造后,公司联合青海省创业集团有限公司、青海铝厂、兰州炭素有限公司、吉林炭素股份有限公司、包头钢铁设计研究院、吉林铁合金厂等相关主体,采取社会募集方式设立的股份有限公司,现在公司拥有一家全资子公司、三家控股子公司,拥有铁矿、煤矿、钒矿、石灰石矿等资源,这样公司形成和拥有了技术创新、生产、原材料供应的整个产业链。

公司进行了技术创新、生产、原材料供应的整合,生产、原材料供应等活动基本上在当地进行,特别是原料铁矿、煤矿、钒矿、石灰石矿等资源主要来自自己下属企业。在公司拥有产业链优势的时候,由于地理或其他原因,公司技术人员或管理人员流失现象严重,流失的技术人员大多到了东部普通钢材生产企业,随着企业技术人员的流失,带来企业技术创新成果的流失和知识存量的减少。

技术人员流失的结果是,大量普通钢材的生产企业同时也具备生产和加工特殊钢材的技术和能力,从而成了西宁特殊钢集团有限责任公司的竞争对手。在特殊钢材生产加工处理技术没有流失的情况下,西宁特钢具有独特的技术优势,在国内处于寡头垄断地位,但是随着自己的技术流失和竞争对手的技术升级,西宁特殊钢集团有限责任公司的技术优势逐渐丧失,加上青海省所处的地理区位劣势,产品离目标市场空间距离较长,产品运输成本极高,公司的生存和发展受到很大限制。西宁特殊钢集团有限责任公司的市场竞争结构如图 4-1 所示。

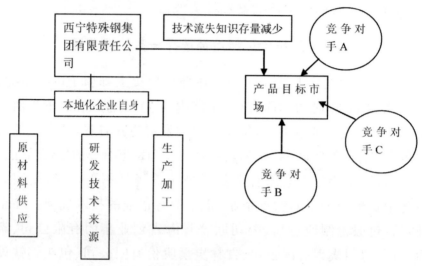

图 4-1　西宁特殊钢集团有限责任公司市场竞争结构

(2)为了克服地理区位劣势,青海华鼎实业股份有限公司走的是另外一条道路,1998 年 8 月由原青海重型机床厂发起,联合广东万鼎企业集团有限公司等五家企业共同发起设立了股份制企业。原青海重型机床厂曾经是我国重要的车床生产企业,但是由于技术老化和区位劣势,逐渐失去技术领先地位,通过联合广东万鼎企业集团实现自己的技术升级换代和观念转变,组合后的青海华鼎实业股份有限公司在内依托原青海重型机床厂的技术基础和生产加工能力,外部凭借广东万鼎企业集团所具有的市场优势,实现生产和市场的有效结合。

针对青海西宁市的特殊地理位置,特别是当地科技实力不强、技术创新基础薄弱,留不住高端技术人才的现状,公司决定把企业的技术创新中心设在苏州工业园区,并已经在苏州建立自己的科研中心,进行技术创新工作。青海华鼎实业股份有限公司把自己的技术创新中心设置在苏州工业园区一是能够近距离地接触园区内的知识、技术、信息等资源,二是避免公司技术人员的流失,区位环境优势或劣势对企业技术人员的流动有很大的影响。

青海华鼎实业股份有限公司市场结构如图 4-2 所示。

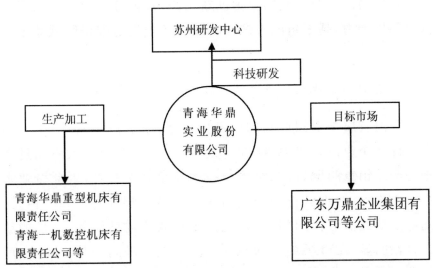

图 4-2　青海华鼎实业股份有限公司市场结构

（3）2001 年成立的青海洁神装备制造集团有限公司发展道路则选择通过与美国公司合资，引进其技术，2004 年收购了原青海曲轴厂，于 2005 年 6 月通过增资扩股后成立了有限责任公司，2006 年收购原青海工程机械厂，实现了企业内部资源整合，发展成为全国首家中美合资垃圾清运设备制造企业，并成为青海装备制造业的龙头企业。青海洁神装备制造集团有限公司走的是技术引进的道路，同样为了克服企业区位劣势，公司在北京设立自己的市场中心和技术创新中心。公司将来的计划是由于企业自身原因，把生产加工基地仍设在青海西宁本地，而市场部门和技术创新部门定位在北京，青海洁神装备制造集团有限公司发展思路与青海华鼎实业股份有限公司市场相似，都是把自己的技术创新中心选择设置在类似苏州、北京等信息发达、科技密集的城市。

(四)调研小结

在知识经济时代，由于信息科技革命与全球化趋势的深化，使企业、产业以及区域通过传统的物质资本投资所形成的竞争力正在发生变化。知识要素的生产、积累、扩散、应用与增值所产生的动态竞争力,逐渐取代了传统的土地、资本、劳动力等要素所形成的竞争力。一个区域的技术创新系统、知识分配能力及知识获取及利用能力,越来越成为这一区域经济增长与维持区域竞争力的关键因素。

1.西部企业技术创新道路选择

青海省属于中国典型的西部内陆地区,资源丰富,历史上国家把许多企业设在青海省,在计划经济时代,企业一般不用过多担心产品销售问题,市场竞争与技术竞争并不存在,因此企业生存压力不大,地理区位的作用对于企业的影响并不严重。但是,随着市场经济时代的到来,首先是市场竞争逐渐激烈,市场的压力日益明显,在市场竞争激烈的同时是企业之间的技术竞争,产品质量竞争。此时,地处中国内陆的企业生存状况发生了巨大变化,由开始不用担心技术、市场甚至是运输成本等因素的传统企业环境,演变为技术、市场竞争激烈的市场环境。

在这种剧烈的经济环境变迁下,有一部分国有企业走向破产或者被兼并买卖,另一部分国有企业走的是"走出去"或者"引进来"的道路,一是提高自己的技术水平和产品质量,二是积极寻找产品的目标市场、拓展市场。青海省西宁市本身科技基础并不强,省内企业数量不多和质量普遍不高,改革开放三十年来,并没有形成自己独特的产业集群。在这种背景下,企业的行为选择主要有两种:一种是与东西部企业联合,进行技术改造和拓展市场,如青海华鼎实业股份有限公司所选择的道路;一种是本地企业联合,整合本地企业资源,建立自己的产业链条,如西宁特殊钢集团有限责任公司的企业整合之路。

2.企业技术创新道路选择优缺点分析

上述两条道路都有优点和缺点:走本地企业联合的道路,整合内部资源,建立配套企业,拥有产业链条的全部或者大部分,能够形成自己独有的竞争力,但是缺点是由于企业地处西部,自然条件、科研信息交流以及生活条件的差异,造成企业培养的技术人员流失,带来企业技术创新成果的流失和知识存量的减少,给企业带来巨大损失。

走出去和东部企业联合的道路优点是能够很好地利用东部企业市场优势和企业管理观念优势,有利于企业整体水平的提高,但是其缺点同样存在,这一类企业一般只是将西部老企业作为生产基地,技术创新中心和市场中心并不放在西部,长期下去将形成西部的产业中空现象,不利于西部地区产业集群的形成。

相对而言,立足本地进行本地资源整合进行企业联合的道路,长期看也许是形成西部产业集群的发展之路。西部企业竞争力差,经济效益一般不高,技术人员流失,原因也许很多,仅从产业集群的角度分析,从产业集群发展滞后的方面能够解释其中的原因:由于科技基础薄弱,产业集群不能形成,企业缺乏相关配套部门或企业,原材料靠外部提供,产品主要运输到外部,形成企业"两头在外"的现象,仅运输成本一项,西部企业就比东部企业多,加上远离市场,信息闭塞等因素,西部企业丧失很多与外部企业竞争的机会。企业没有竞争力,经济效益不高,对科技人员的激励也就不足,形成技术人员流失,带来企业技术创新成果的流失和知识存量的减少,这是一个恶性循环,是西部企业需要面临的难题也是理论研究的难题。西部企业在没有形成自己的产业集群时,企业技术人员流失、知识存量减少的恶性循环如图 4-3 所示。

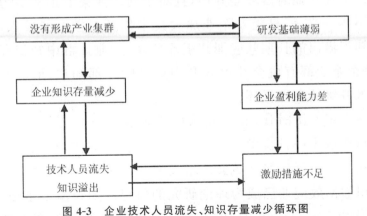

图 4-3　企业技术人员流失、知识存量减少循环图

部分企业选择走出去把自己的技术创新中心和市场中心设在东部高科技产业园区或经济发达地区,其目的如前面分析:一是为了获取科技园区内部的信息知识技术优势,二是便于与其他科研机构或企业进行联合技术创新。在企业将技术创新中心设在相关产业集群中之后,企业在获得集群优势的同时,自己的知识技术也被别的企业所吸收利用,产业集群中的企业是选择以知识技术吸收转化利用为主的道路,还是选择技术创新创造知识和吸收利用知识并用的道路。在知识溢出可能性强、技术创新活动频繁及企业学习积极性高的区域,区域整体知识资本的平均水平一般会高于与之相反的区域,高水平的知识资本在决定区域经济长期增长时起到关键作用。这一系列问题需要进一步进行理论和实证方面的研究。

第二节　产业集群中知识溢出效应分析

知识溢出是高科技产业集群中的一个突出现象,从高科技产业集群中企业衍生的视角,对知识溢出、知识流失、企业技术创新以及知识获取等要素进行动态的模型与实证分析,结果表明,在高科技产业集群中,知识溢出的短期效应是企业出现知识溢出负外部性即企业知识流失;企业技术创新投入对产业集群创新知识溢出效应存在显著区域差异性,且对不同产业集群创新能力的影响也不尽一致,但是随着企业加大技术创新与学习的投入,将会出现知识溢出的长期效应即其正外部性:产业集群中知识存量增加,每个企业都有机会获得和利用更多的外部知识,形成产业集群技术升级的良性循环。

在知识经济时代,高新技术成为企业竞争优势的主要源泉,高科技产业集群日益发展为区域经济增长的支柱,知识溢出效应可以从一个角度解释区域经济增长或收敛过程,高科技产业集群中知识溢出效应业已成为理论研究的焦点。知识溢出是20世纪60年代由 Mac. Dougall(1960)在探讨东道国接受外商直接投资

(FDI)的社会收益时,作为 FDI 的一个重要现象提出来的。Arrow(1962)最早解释了知识溢出对经济增长的作用,并假定新的投资具有溢出效应,不仅进行投资的厂商可以通过积累生产经验提高生产率,其他厂商也可以通过学习提高生产率。沿着 Arrow 的思路,Romer(1986)提出了知识溢出模型,开创了新经济增长理论,提出正是由于知识溢出的存在,资本的边际生产率才不会因固定生产要素的存在而无限降低。Lucas(1988)认为由知识溢出的正的外部性能够引起经济活动的地域空间聚集和扩散。Arrow、Romer 和 Lucas 都强调知识溢出对提高经济增长起着重要的推动作用,知识溢出能够使整个区域内的组织获得溢出效应,促使该区域内各组织的生产率的提高以及技术的不断进步。

新竞争经济理论(波特,2003)认为企业的竞争优势来源于产业集群中形成的学习机制和交流机制,以及产业集群内部的自我加强机制,进而形成企业持久竞争力。高技术产业集群效应是高技术产业发挥产业集群优势并表现出强大竞争力的内在机制,也是高技术产业集群发展的内在驱动力(张月花等,2009)。

面对高科技产业集群中的知识溢出现象,每一家企业采用何种技术创新策略？怎样避免技术创新成果外溢？又如何有效获取外部知识？怎样提高自身知识存量？这些问题是企业能否不断获得创新动力的关键,也将直接影响产业集群能否实现整体的技术升级和知识价值最大化。关于高科技产业集群中知识溢出效应的讨论大多停留在理论研究层面,缺乏对其实践操作层面的动态观察与分析,本文以高科技产业集群中企业衍生为例,对知识溢出、知识流失、企业技术创新以及知识获取等要素进行动态的模型与实证分析,试图解释高科技产业集群中知识溢出效应,结果表明,在高科技产业集群中,知识溢出的短期效应是企业知识流失;企业 R&D 投入对产业集群创新知识溢出效应存在显著区域差异性,且对不同产业集群创新能力的影响也不尽一致,但是随着企业加大技术创新学习的投入,将出现知识溢出的长期效应即产业集群中知识存量增加、知识共享频繁,每个企业都能够获得和利用更多的外部知识,形成高科技产业集群技术升级换代的良性循环。

一、知识溢出效应的模型分析

(一)模型的建立与知识溢出短期效应

在产业集群内外部都存在着知识溢出现象,所不同的是在产业集群外部,企业的知识溢出可能由于没有利益相关者对溢出知识进行吸收利用,企业知识溢出或流失问题常常被忽视;在产业集群内部,由于存在众多的竞争对手,企业的溢出知识极易被利益相关者无偿利用,从而出现企业的知识流失。以高科技产业集群中企业衍生为例,分析企业进行子公司选址行为及企业知识溢出短期效应。

为了便于分析,假设在一个经济体内存在着两种不同类型的区域:一个是高科技产业集群,一个是产业集群之外的区域。在高科技产业集群内部,由于存在着大量流动知识,每个企业都期望从产业集群中获益,因此,企业在衍生子公司时,首先考虑选择把新公司建立在相关产业集群之内。为了简易,产业集群之外的区域用 M 表示,产业集群用 N 表示,产业集群 N 通过集群"技术守门人",对进入企业的规模、实力、类型,特别是新进入企业的科技水平与知识实力设置限制条件与进入门槛,实行选择性企业准入政策,即只有具备较高知识技术含量的企业才有机会进入高科技产业集群 N 衍生新的子公司。把拟衍生子公司的企业用 A 表示,企业 A 新建子公司准备进入高科技产业集群进行选择的过程分为三个阶段。

阶段一:企业 A 拟衍生建立新的子公司,为了能够分享高科技产业集群中的信息、技术、知识、服务等集群集聚优势,期望进入产业集群 N,在集群内设立子公司,如果 A 获得了准入机会,概率为 p ,那么它的回报将是 w^n 。

　　阶段二：(已获得准入许可的企业不存在该阶段)如果企业 A 拟衍生建立新的子公司，在期望进入产业集群 N 设立子公司的计划失败之后，企业 A 将面临如下选择：一种选择是在 N 之外的区域建立子公司，另一种选择是等待下一轮集群准入的机会。A 一旦选择在 N 之外的区域建立子公司，将不再具备经济实力和时间精力为继续寻找合适厂址建立子公司做准备，A 获得集群准入的可能性大大降低；如果 A 选择等待，将为 A 在 N 寻求下一轮准入机会提供经济、技术和时间保证。

　　阶段三：(只适用于在第二阶段等待下一轮集群准入机会者)如果企业 A 在本次产业集群准入中获得成功，将在产业集群 N 内建立子公司；否则，企业 A 将在集群之外的区域 M 内建立子公司，得到 M 的回报。

　　在阶段二，有理由假设在高科技产业集群中衍生建立子公司比在产业集群之外建立子公司要投入更多的科技技术创新费用以及学习费用，企业 A 选择寻找和等待下一轮产业集群准入机会需要进行技术创新投入和知识学习以便提高自身科技水平，当企业把精力全部集中在获取下一个准入机会时，获得准入机会的可能性增大。

　　为了简便，假设企业 A 一旦在产业集群之外的区域 M 建立子公司，将没有能力在产业集群 N 内建立子公司，它到 N 的概率为 0；如果 A 选择进行知识学习、积极进行科技技术创新，等待下一轮进入机会，它在 N 建立子公司的概率为 p'。在第二和第三阶段中，遵循独立同分布原则，技术创新投入回报累积分布函数表示为 $\widetilde{w} = F(w)$，假定 $F(w)$ 是可微的，密度函数 $\dfrac{\mathrm{d}F(w)}{\mathrm{d}w} \equiv F'(w)$，在定义域内恒为正，对 $\forall w \in [w^l, w^h]$，有 $F'(w) > 0$。其中 w^l 是 A 在 N 技术创新投入的最低回报值，w^h 是 A 在 N 技术创新投入的最高回报值，

　　那么，阶段三 A 的技术创新投入预期回报值是 $(1 - p')\overline{w} + p'w^n$。

$$(1)$$

其中 $\overline{w}$ 是 A 在 M 的技术创新投入回报值的中位数，即 $\overline{w} = \int_{w^l}^{w^n} w\, \mathrm{d}F(w)$ 。

阶段二，当且仅当 $w > \dfrac{1}{1+r}[(1-p')\overline{w} + p'w^f]$ 时，A 选择在 M 建立子公司，技术创新投入回报为 w ，其中 r 是 A 的技术创新投入回报折扣率。

得出 $w^m \equiv \dfrac{1}{1+r}[(1-p')\overline{w} + p'w^n]$ 。 (2)

那么，当且仅当 $w > w^m$ 时，A 将接受在 M 的技术创新投入回报，其中 w^m 是 A 在 M 的固定技术创新投入回报，进一步简化，得出 $w^l \geqslant \dfrac{1}{1+r}\overline{w}$ 。 (3)

假定 A 进一步另建新厂的可能性为 0 时，则其知识流失不存在，即当 $p' = 0$ 时，A 的知识流失的函数表达式是：$u \equiv p(\widetilde{w} \leqslant w^m) = F(w^m)$ 。

显然，$\dfrac{\mathrm{d}u}{\mathrm{d}p'} = \dfrac{\mathrm{d}u}{\mathrm{d}w^m}\dfrac{\mathrm{d}w^m}{\mathrm{d}p'} = F'\dfrac{w^n - \overline{w}}{1+r}$ 。 (4)

既然假定 N 是产业集群，是高科技区域，M 是产业集群之外的区域，知识技术相对落后，就表明 $w^n > \overline{w}$ 。因为，$F' > 0$ ，所以，$\dfrac{\mathrm{d}u}{\mathrm{d}p'} > 0$ 。 (5)

同时表明：$w^m \equiv \dfrac{1}{1+r}[\overline{w} + p'(w^n - \overline{w})]$ ，$\dfrac{\mathrm{d}u}{\mathrm{d}(w^n - \overline{w})} = F'\dfrac{p'}{1+r} > 0$ 。

从（2）推出 w^m 随着 p' 和 w^n 的增加而增加，随 $\overline{w}$ 的增加而减少，表明由于企业 A 存在着到产业集群内建立子公司能够获得集群优势回报的预期，如果集群内外之间的技术创新投入回报率差别越大，那么企业 A 的技术创新学习投入预期回报值也就随之增高，随着进入集群积极性与技术创新预期回报的增加，企业更倾向于在相关产业集群之内建立子公司，由于产业集群内存在知识技术"搭便车"现象,企业知识流失也将增加。

推论一:不同区域之间知识回报率差距越大,企业到产业集群内建立子公司的预期值就越强,产业集群中知识溢出可能性越强,企业知识流失的问题就越明显。

(二) 扩展后的知识溢出效应分析模型

扩展后的知识溢出效应分析模型是进一步把企业 A 技术创新投入的费用融入上述模型,分析企业 A 是否做出技术创新投入的选择。如果企业 A 不能到产业集群 N 建立子公司,那么进行技术创新投入的益处是产业集群之外的区域 M 一般企业的技术创新投入回报 $\overline{w}$,当企业 A 到 N 建立子公司成为可能时,在前面提到的三阶段中,进行技术创新投入的预期收益是:

$$V \equiv pw^n + (1-p)\left\{\int_{w^m}^{w^h} w dF(w) + F(w^m)\left[\frac{p'w^n + (1-p')\overline{w}}{1+r}\right]\right\}$$

$$= pw^n + (1-p)\left[\int_{w^m}^{w^h} wF'(w)dw + F(w^m)w^m\right] 。 \tag{6}$$

其中 V 是企业进行技术创新投入的收益。

显然, $\dfrac{dV}{dw^n} = p + (1-p)[-F'(w^m)w^m + F(w^m)w^m +$

$F(w^m)]\dfrac{dw^m}{dw^n} = p + (1-p)F(w^m)\dfrac{p'}{1+r} > 0$ 。

假设 $p' = p(1+a)$, $\tag{7}$

其中 a 是一个参数,假定 $0 < p' < 1$, $-1 < a < \dfrac{1}{p} - 1$,

那么, $\dfrac{dV}{dp} = w^n - \left[\int_{w^m}^{w^h} w dF(w) + F(w^m)w^m\right] +$

$(1-p)[-F'(w^m)w^m + F(w^m)w^m + F(w^m)]\dfrac{(w^n - \overline{w})(1+a)}{1+r}$

$$= w^n - \left[\int_{w^m}^{w^h} w dF(w) + F(w^m)w^m\right]$$

$$+ (1-p)F(w^m)\frac{(w^n - \overline{w})(1+a)}{1+r} 。 \tag{8}$$

进一步假定 $w^n > w^h$，排除企业技术创新知识百分之百流失这一不合理情况出现的可能性，再假定 $w^m < w^h$，那么，有

$$\int_{w^m}^{w^h} w \, \mathrm{d}F(w) + F(w^m)w^m \leqslant \int_{w^m}^{w^h} w^h \, \mathrm{d}F(w) + F(w^m)w^h$$

$$= w^h \int_{w^m}^{w^h} \mathrm{d}F(w) + F(w^m)w^h = w^h(F(w^h) - F(w^m)) +$$

$$F(w^m)w^h = w^h,$$

因此，$w^n > \left[\int_{w^m}^{w^h} w \, \mathrm{d}F(w) + F(w^m)w^m \right]$。

从（8）得出 $\dfrac{\mathrm{d}V}{\mathrm{d}p} > 0$。 (9)

即，企业进行技术创新投入的回报值随知识溢出的可能性增加而增加。

进一步考虑企业 A 的资源禀赋、知识能力等背景不同，它们进行技术创新或学习投入费用基数也不同，将进入产业集群发生前的企业数量 LebesgRe 测度值定为 1。假设 A 进行技术创新的投入支出为 C，C 遵循正态分布，$\tilde{C} \in [0, H]$，而没有进行技术创新投入的企业的收入恒定，用 T 表示，考虑到只有企业 A 拟建的子公司有机会自由迁入的假定，

当且仅当 $V - C \geqslant T$ 时，企业才会选择进行技术创新投入。写为 $C* \equiv V - T$。 (10)

即当且仅当技术创新投入支出保持 $C \leqslant C*$ 时，企业才会进行技术创新投入。

因为 $\tilde{C}$ 遵循正态分布，企业数量 LebesgRe 测度值为 1，得出新建企业的比率和数量为：$\dfrac{C*}{H}$。从（9）和（10）可知，$\dfrac{d\left(\dfrac{C*}{H}\right)}{\mathrm{d}p} =$

$\dfrac{1}{H} \dfrac{\mathrm{d}V}{\mathrm{d}p} > 0$。 (11)

上述分析表明由于存在着区域间的技术创新投入回报差距，企业期望获得产业集群较高的技术创新学习投入回报，将增加技术创新投入支出；技术创新所产生的新知识在区域内的流动性越

强,企业进行技术创新投入的支出将越多。

推论二:在产业集群中企业为了获取外部大量的流动知识,将选择加大技术创新投入支出与进行积极的组织学习,使自身的知识技术水平与外部的知识技术水平相匹配,有利于吸收利用外部流动知识,这样将进一步促进企业知识存量的增加。

(三)高科技产业集群中知识溢出的长期效应

在以上模型分析中假设只有具有较高科技含量的公司才有可能获得产业集群的进入许可,知识溢出效应如果能够增加和提高企业的知识存量和技术水平,也将提高产业集群中高科技企业的比例。本阶段分析知识溢出、企业知识获取以及高科技产业集群之间的关系。

首先 $C*$ 是 V 的函数,也是 p 的函数,写为, $C* \equiv C(p)$ 。

那么,在产业集群知识溢出预期的条件下,高科技企业的保有量为:

$$\frac{C(p)}{H} - \left[p\frac{C(p)}{H} + (1-p)p'\frac{C(p)}{H}F(w^m) \right]$$
$$= C(p)[(1-p)(1-p(1+a)F(w^m))]/H , \qquad (12)$$

记为 $\dfrac{Lp}{H} \equiv \dfrac{C(p)[(1-p)(1-p(1+a)F(w^m))]}{H} - \dfrac{C(0)}{H}$,

其中 $\dfrac{Lp}{H}$ 是 $p > 0$ 与 $p = 0$ 时高科技企业保有量的差。

因为 $L(p) \equiv C(p)(1-p)[1-p(1+a)F(w^m)] - C(0)$,知道 $L(0) = 0$ 并且

$$L'(p) = C'(p)(1-p)[1-p(1+a)F(w^m)]$$
$$- \left\{ \begin{array}{l} 1-p(1+a)F(w^m)+(1-p)(1+a) \\ \times [F(w^m)+pF'(w^m)] \\ \dfrac{(w^n - \overline{w})(1+a)}{1+r} \end{array} \right\} C(p) 。$$

由于 $L(p)$ 的连续性,求得 $L'(0) > 0$,表明在 $p = 0$ 的邻域内有 $L(p) > L(0)$ 。写为 $L'(0) = C'(0) - [1 + (1 +$

$a)F(w^m)]C(0)$。

当 $p=0$ 时，从（3）和（7）可知，在没有知识溢出可能性时，企业知识流失将不会存在，表明 $w^m=w^l$；从（8）的最后一行和上面分析得出，$F(w^l)=0$，可得

$$= w^n - [\int_{w^m}^{w^h} w\,dF(w) + F(w^l)w^l]$$

$$+ (1-p)F(w^l)\frac{(w^n-\overline{w})(1+a)}{1+r} = w^n - \overline{w} \text{。} \quad (13)$$

从等式（11），可知 $\dfrac{dC*}{dp} = \dfrac{dC(p)}{dp} = \dfrac{dV}{dp}$，且

当 $p=0$，$V=\overline{w}$ 时，从（10）和表达式 $C*=C(p)$，

可得：$C(0)=V-T=\overline{w}=T$。 $\quad (14)$

而且，当且仅当 $L'(0)>0$ 时，$w^n - \overline{w} - [1 + (1+a)F(w^m)](\overline{w}-T) > 0$。 $\quad (15)$

因为 $1+(1+a)F(w^m) < 2+a$，如果 $w^n - \overline{w} - (2+a)(\overline{w}-H) > 0$，那么，将满足（15）；只要当 $w^n > (3+a)\overline{w}$，因为 $T>0$，

将满足，$w^n > (3+a)\overline{w} - (2+a)T$， $\quad (16)$

这样，将得到 $L'(0)>0$，由于 $L(p)$ 的连续性，表明在 $p=0$ 的邻域内 $L(p)>L(0)$。

推论三：由于产业集群中存在知识溢出，对于任意的 a，若 $w^n > (3+a)\overline{w}$，$p>0$ 时的区域企业知识存量大于 $p=0$ 时的区域企业知识存量，即由于企业知识溢出与知识获取同时出现，产业集群内部企业的知识存量将最终大于集群之外的企业知识存量。

推论三表明知识溢出最终将促进企业知识获取，促进高科技企业比例的提高。将推论一和推论三相结合可以得出：如果 $w^n > (3+a)\overline{w}$ 时，与没有知识溢出和知识流失的区域相比，存在知识溢出和知识流失的产业集群，企业将能够获得更多的外部知识，随着企业技术创新活动的增加，每一个企业的知识存量将增加，企业技术水平将提高。这将会出现知识溢出的长期积极效

应:产业集群中企业实现知识获取,产业集群将拥有更大数量的高科技企业,也将促进高科技产业集群的形成及产业集群技术升级的良性循环。

二、知识溢出效应的实证分析

考虑到创新累积效应可能会对 R&D 投入的知识溢出效应产生影响,运用动态面板数据模型来进行实证分析能够考虑到前期 R&D 投入可能会对当期创新能力具有重要影响,选取我国科技实力较强的长三角、珠三角、京津及东北等四类不同区域的产业集群,利用系统广义矩(System GMM)估计方法来实证分析高科技产业集群中 R&D 投入与知识溢出效应及其差异性。

(一)数据来源与计量模型

1.变量选择与数据来源

对于产业集群创新能力,理论和实证分析一般采用专利数据,由于专利授权数量受专利审查机构审查能力的影响,故本文选择专利申请量(记为 I)来测度高科技产业集群创新能力。另外,由于产业集群中科技人员、经费的投入,以及当地经济发展水平均可能是影响产业集群创新能力的重要因素,因此,本文除了选择 R&D 投入作为解释变量之外,还选择产业集群科技活动人员数(为 SPN)和年度人均 GDP(为 PGDP)作为控制变量。

本文样本区间选择为 1993—2006 年,各产业集群内的专利申请量、R&D 经费支出、GDP、人口数、科技活动人员数等样本数据来源于各地区 1994—2007 年的年度《中国科技统计年鉴》及《中国统计年鉴》。

2.计量模型

由于用传统的简单线性回归来研究 R&D 投入对创新知识溢

出效应的研究可能具有一定的局限性和结论偏差。在考虑创新能力累积效应和 R&D 投入时滞性的基础上,针对中国样本数据的时间序列较少的特征,引入动态面板数据模型来实证分析 R&D 投入对产业集群创新知识溢出效应及其区域差异性。

为了减少宏观经济数据的非平稳性,一般对变量指标采取自然对数形式,本文实证分析的动态面板数据模型为:

$$\ln I_{it} = \sum_{s=1}^{m} a_i \ln I_{i,t-s} + \beta'(L) x_{it} + \lambda_t + \eta_i + v, t = q+1, \cdots, N,$$

(17)

其中,i 表示个体(为企业数),t 表示时期(为年度),η_i 和 λ_t 分别为个体固定效应(individual specific effects)和时间固定效应(specific time effects)参数,$x_{it} = (\ln R \& D, \ln SPA, \ln PGDP)'_{it}$ 为个体 i 在第 t 期的解释变量值构成的向量,$\beta(L)$ 为最大滞后阶数为 q 的滞后算子多项式向量,v_{it} 为个体 i 在第 t 期模型估计的残差项,T_i 表示第 i 个体的时期数,N 表示个体数。

由于模型右边的解释变量包含了被解释变量的滞后项,从而使得解释变量与随机扰动项相关,存在估计的内生性问题,因此采用标准的随机效应或固定效应估计,将导致参数估计的非一致性,广义矩估计(GMM)方法可解决这一估计问题。本文的估计在处理内生性时采用系统内部的工具变量,同时允许解释变量的弱外生性,即必须假定误差项与解释变量当期以及滞后期的值不相关,但允许对未来反馈;在本文模型中,当期产业集群创新能力可以影响解释变量的未来实现值(如人均 GDP 等)。

在上面的限制条件下,将式(17)作一阶差分,消除个体固定效应(又称为截面固定效应)后得到:

$$\Delta \ln I_{it} = \sum_{s=1}^{m} a_i \Delta \ln I_{i,t-s} + \beta'(L) \Delta x_{it} + \Delta \lambda_t + \Delta v_{it}, \quad (18)$$

其中,$\Delta v_{it} = v_{it} - v_{i,t-1}$,其他差分变量亦有类似形式。

GMM 估计通过下面的矩条件给出工具变量集:

$$E[\Delta v_{it} . v_{i,t-1}] = 0; E[\Delta v_{it} . x_{i,t-1}] = 0; E[\Delta v_{it} . \ln I_{i,t-s}] = 0$$

$$s \geqslant 2; t = 3, \cdots, T$$

(19)

上述差分转换方法即为差分广义矩（Difference-GMM，简记为 GMM-Diff）估计方法。但差分转换会导致一部分样本信息的损失，且当解释变量在时间上具有持续性时，工具变量的有效性将减弱，从而影响估计结果的渐进有效性。Arellano 和 Bover 提出的系统广义矩（System-GMM，简记为 GMM-Sys）方法能较好地解决以上问题，它能同时利用差分和水平方程的信息。在观察不到的各地区的固定效应与解释变量的差分不相关的弱假设下，能够得到额外的矩条件，从而给出系统中水平方程的工具变量集：

$$E[v_{i,t-1}.(\eta_i + v_{it})] = 0；E[x_{i,t-1}.(\eta_i + v_{it})] = 0。 \quad (20)$$

差分转换所用到的工具变量与水平方程的工具变量，即式（19）和式（20）中的工具变量，构成系统广义矩估计的工具变量集。系统广义矩估计由于利用了更多的样本信息，在一般情况下比差分广义矩估计更有效。

(二)R&D 投入对高科技产业集群知识溢出效应分析

在本文的实证分析中，模型估计方法采用一步系统 GMM 估计方法。由于各产业集群面板数据本身（如个体数及数据平稳性等）的差异，同时选择 lnI 滞后项、lnR&D 滞后项、lnSPN 和 lnPGDP作为解释变量，若此时估计方法无效，则依次去掉估计方程中估计系数不显著的解释变量，然后进行重新估计，直至得到一步系统 GMM 估计方法有效（即估计方程满足有效性和相容性）为止，即要求模型估计同时满足以下条件：Wald（poit）统计量显著、Sargan 统计量不显著、AR(2)统计量不显著。

利用一步系统广义矩方法，估计得到的 R&D 投入对中国四类产业集群创新知识溢出效应的结果见表 4-1。表 4-1 为 R&D 投入对产业集群全部专利的溢出效应的实证结果。

表4-1 R&D投入对高科技产业集群创新知识溢出效应的实证结果(全部专利)

解释变量	四大区域高科技产业集群			
	长三角产业集群	珠三角产业集群	京津产业集群	东北产业集群
lnI(−1)	0.976 1	1.013 0	0.979 8	0.723 9
	(0.026 1)＊＊＊	(0.000)＊＊＊	(0.0217)＊＊＊	(0.050 6)＊＊＊
lnR&D	−0.177 5	0.036 2	−0.120 4	−0.095 8
	(0.0144 8)	(0.000)＊＊＊	(0.049 0)＊	(0.094 4)
lnR&.D(−1)	0.077 9	——	0.078 2	0.089 5
	(0.051 0)		(0.037 7)＊＊	(0.067 0)
lnSPN	0.136 2	——	−0.094 0	0.185 0
	(0.104 4)		(0.051 7)＊	(0.104 3)＊
lnPGDP	−0.002 2		0.183 2	0.144 0
	(0.091 3)		(0.078 5)＊＊	(0.069 6)＊＊
Wald(joint)	61.46	1.5×1 018	220.6	61.71
	[0.000]＊＊＊	[0.000]＊＊＊	[0.000]＊＊＊	[0.000]＊＊＊
Sargan 检验	124.7	40.00	119.5	120.6
	[1.000]	[1.000]	[1.000]	[1.000]
AR(1)	−1.285	1.000	−1.185	−1.676
	[0.199]	[0.317]	[0.236]	[0.094]＊
AR(2)	1.169	−1.000	−1.316	1.045
	[0.243]	[0.317]	[0.188]	[0.296]

注:圆括号内数字为回归估计系数的标准差,方括号内为检验统计量值所对应的 P 值;$x(-1)$ 为变量 x 的一阶滞后项;Wald(joint)为解释变量系数的整体显著性检验同计量值;＊、＊＊和＊＊＊分别为1%、5%和10%的显著性水平;符号"——"为由于模型解释变量的选择而导致被去除解释变量的系数估计值的空缺;表中估计结果通过 Ox4.02 软件实现,估计方法为系统 GMM 估计方法,其中因变量(被解释变量)若无特殊说明,则均同本表注释。

由表4-1的各种统计量值可知:四类产业集群的各种模型估计结果均显示,Sargan 检验统计量的值不显著,接受 GMM 估计工具变量有效的原假设,且 AR 二阶检验统计量值表明模型回归估计的残差序列二阶不相关。因此在本文实证分析中,式(19)的动态面板数据模型在统计上具有有效性和一致性;对于各个动态面板数据实证模型,其变量整体显著性的 Wald 检验均在5%显著性水平上显著,故所用实证模型对各个变量的系数估计结果至少具有 99％的置信度。另外,由于表 4-1 中,各产业集群每种面板数据模型估计结果中的变量 lnI(−1)的系数估计值,在 1％的显著性水平上均显著,且为正值,这进一步说明专利申请量表征的产业集群创新能力具有显著的累积效应,也说明选择动态面板数据模型的合理性。

由表 4-1 可知,从全部专利的总体检验来看,在四类产业集群中,只有珠三角产业集群系数和京津产业集群的 lnR&D 与 lnR&D(−1)系数估计值在 5％显著性水平上显著。这表明从专利总体来看,R&D 投入对珠三角产业集群和京津产业集群的创新知识存在显著的溢出效应,而 R&D 投入对长三角产业集群和东北地区产业集群的创新知识不存在显著的溢出效应。由 lnR&D 和 lnR&D(−1)估计系数的符号可知,R&D 投入对珠三角产业集群创新知识溢出效应是正向的,而对京津产业集群创新知识溢出效应是负向溢出效应。

第三节　小结

知识溢出是高科技产业集群中的突出现象,通过对高科技产业集群中企业衍生、知识溢出及企业技术创新等要素进行模型分析发现,高科技产业集群知识溢出的短期效应是企业知识流失;随着企业技术创新与学习的投入,将会出现知识溢出的长期效应即产业集群中知识存量增加,企业获得和利用外部知识的机会增加,形成高科技产业集群技术升级的良性循环。在考虑区域创新能力累积效应和 R&D 投入的短期时滞性的基础上,本文基于动态面板数据模型,利用一步系统 GMM 估计方法,实证检验了 R&D 投入对中国高科技产业集群创新知识溢出效应,证实了知识溢出效应的区域差异性的存在,主要得到以下结论。

(1)创新知识在不同产业集群均具有显著的累积效应,但 R&D 投入对创新知识的影响在不同产业集群的时滞性却存在显著差异。

（2）就全部专利总体而言，R&D投入对珠三角产业集群和京津产业集群创新能力具有显著的知识溢出效应，但对长三角产业集群和东北地区产业集群创新知识溢出效应不是很显著。在知识溢出效应的方向上，R&D投入对珠三角产业集群创新知识溢出效应是正向的，而R&D投入对京津产业集群创新知识溢出效应却是负向的。

（3）R&D投入对产业集群创新能力的影响存在显著区域差异性。R&D投入对长三角产业集群的不同程度创新能力均不存在显著溢出效应；R&D投入对珠三角产业集群的不同程度创新能力均存在显著溢出效应；R&D投入对京津产业集群的实用新型和发明专利等高层次创新能力具有显著的负向溢出效应；R&D投入对东北地区产业集群的实用新型专利等中度创新能力具有显著的负向溢出效应。但R&D投入对各产业集群的低度创新能力却均不具有显著溢出效应。

基于以上结论，本文认为R&D投入对产业集群创新知识溢出效应存在显著区域差异性，且对不同产业集群创新能力的影响也不尽一致。在本文实证分析中，动态面板数据模型的合理性已得到验证，但实证结论中珠三角产业集群的结果有待通过数据长度的增加而进一步验证，这是因为珠三角产业集群面板数据的个体太少，其具体动态面板模型的构建有待进一步研究。另外，有关导致R&D投入对产业集群创新知识溢出效应差异性的原因有待进一步探索。

通过分析集群支柱企业知识溢出与衍生企业的形成、发展与生存之间的联系，分析了技术隐性知识和市场先驱隐性知识对产业集群衍生企业的影响；然后通过模型分析产业集群中知识溢出现象对衍生企业现有知识存量的影响，以及面对知识溢出正负两方面的外部性，集群企业将做出的选择，得出关于知识溢出与集群企业衍生、企业知识存量变化的相关解释性结论和启示如下。

（1）对于集群支柱企业而言，影响衍生企业产生与发展的问题关键不仅仅是企业的丰富知识本身，更重要的是知识溢出企业对知识的利用,集群支柱企业既要有丰富知识又要善于利用知识,这样就容易形成滋生衍生企业的肥沃土壤。集群支柱企业的管理者不应该仅仅接受知识是双刃剑的观点,认为知识溢出会导致企业内部竞争,更应关注价值创造与价值利用,从而可以限制竞争。

另外,对衍生企业而言,由于新建衍生企业本身的灵活性,特别是对集群支柱企业的知识继承与共享,新建衍生企业比其他类型新建企业更具有竞争和生存优势。衍生企业与行业知识直接相联系,特别是隐性知识是通过员工本身进行转移的,因此,新企业产生之前的知识走廊似乎非常重要。创建者需要通过招聘具有行业经验的员工,实现知识整合,才能发挥新企业的知识优势、结构优势和企业家精神等优势,获取较强的生存与发展竞争力。

(2)由于企业的初始知识存量是企业最初拥有的技术创新人员技术水平的叠加,不同时期企业创造及吸收的知识量是由同时期企业技术创新人员的数量和技术水平决定的,从而企业当前的知识存量可以表示为各时期技术创新人员实际创造及吸收知识量的总和,即为不同时期技术创新人员数量和技术水平的知识创造函数和。

另外,企业的知识存量是由企业的知识深度、知识广度、技术创新人员的数量以及技术水平决定的,但技术创新人员的数量和技术水平最终会体现在企业通过知识创新所达到的知识深度和广度层面上,因此,企业的知识存量可以用企业的知识广度和知识深度来衡量。由于企业所掌握的知识深度、广度存在差异,导致不同企业的知识存量必然存在差距,促使知识从高位势企业向低位势企业流动,有利于企业之间的技术交流。同时,又由于企业技术创新人员持续进行知识创新的动力机制,促使企业的知识存量不断提高。知识创新可以增加企业的知识存量,知识存量的多少又会影响自身的知识吸收能力,而企业的技术创新能力对知识创新能力起着至关重要的作用。技术创新人员是吸收知识和创造知识的主体,频繁的知识交流会使不同位势的企业相互学习,优势互补,推动不同位势企业相互靠近,促进合作技术创新关系的形成。

单个企业的知识存量是知识深度和知识广度的函数,其知识存量的增长是由企业自身的知识吸收能力、初始知识存量以及知识创新速度所决定的,知识存量的大小会影响企业的知识共享意愿。技术创新合作知识存量的增长是由合作的知识创新能力、合作成员的知识存量以及知识共享意愿等因素决定的,技术创新合作的知识生产量随合作成员知识存量和知识共享意愿的增大而增加,但知识共享意愿对合作知识生产量的影响比较有限,企业知识存量的大小是提高技术创新合作知识生产量的有效途径。因此,企业知识存量是合作知识生产量增加的基础,合作创造的知识量加快了企业自身知识存量的增加,形成相互促进的螺旋式上升,促进合作及其成员知识位势的提高,企业自身以及知识吸收与创新能力是知识存量增长的重要因素。

(3)知识溢出对集群衍生企业知识存量的积极影响表现在以下两个方面:一方面,对于产业集群之外的企业而言,由于存在集群技术创新学习投入高回报率的预期,导致企业新建子公司在产业集群之外区域的技术创新学习投入期望回报增长;在产业集群中得不到建立子公司机会的企业将不会立即在其他地方建立子公司,它们将选择进入等待状态,在此期间,企业可能加大技术创新学习投入,提高自身条件,以便不断尝试寻求下一次在产业集群内建立子公司的机会。企业选择等待是对产业集群内较高的信息、知识、技术及服务回报预期的反应,企业的科技水平、知识含量及生产效率在此阶段通过加大技术创新投入或学习行为得到提高,从而带动产业集群之外的区域知识存量和技术生产率的整体提高。

另一方面,在产业集群内部,知识溢出可能性越强,短期内出现知识溢出的负外部性即企业知识流失,企业知识存量减少;但是,知识溢出可能性越强,为了更好地吸收利用外部流动知识,企业选择加大技术创新投入与学习的可能性也会增加。这最终会促进产业集群中企业知识存量比重的提高和高科技企业总量的增加,从而带来知识溢出的长期积极效应——企业知识获取,企业知识存量增加,集群整体知识资本的平均水平进一步得到提升,为产业集群长期发展奠定基础。

第五章　产业集群中企业技术创新策略分析

知识溢出与企业技术创新对区域经济增长和发展的重要性日益受到普遍关注,对知识溢出、企业技术创新的理论和经验研究相对集中在地理空间邻近的作用方面,特别是产业集群内部企业技术创新行为,从而导致一般的研究都将知识溢出作为区域及企业技术创新行为形成的一个重要的假设因素(Griliches,1998;Cohen、Nelson 和 Walsh,2002)。众所周知,企业技术创新活动以及技术创新活动所产生的新知识具有部分公共产品的特征,新的知识或技术生产成本非常昂贵,但是在其再生产时生产成本或者传播成本几乎为零,企业对技术创新活动与结果的占有部分具有非排他性和非竞争性,因此,企业技术创新活动存在显著的外部效应,企业技术创新投资的溢出效应非常明显。

本章结构安排如下:首先,分析产业集群中企业技术创新动力:专业化分工、知识溢出、集群竞争及集群文化等;接下来分析集群企业技术创新策略的影响因素;重点是集群企业技术创新策略进行的博弈分析,主要讨论在集群萌芽期和稳定期集群企业的技术创新行为选择,最后是案例分析部分,通过实地调研的案例来验证文章的理论分析以及用所得出的理论解释说明现实中的问题。

第一节　集群企业的技术创新动力

古典经济学的分工理论指出,分工专业可以提高劳动者的生产效率,促进劳动者技术水平的提高,技术的进步又促使分工更加细化,在这样的一个循环中,分工—专业化—技术提高—分工细化……由分工带来生产效率的提高促进了经济的整体增长。

古典理论分析中,产业集群的形成也是分工专业化的结果,在产业集群中存在着横向的和纵向的"分工—协调—专业化"的关系,技术知识的发展进一步促进各个主体的专业化知识积累。产业集群中的企业分工,从知识的角度来说其实就是一种知识技术的分工,建立在分工合作基础上的集群企业,随着企业之间的交流联系增多,知识溢出的效应增强,也增加了技术创新合作的可能性。在产业集群中驱动集群企业进行技术创新的动力主要表现在以下几个方面。

一、分工专业化产生的动力

按照古典经济学的分工专业化理论,分工专业化是提高劳动者技术水平的直接原因,分工形成的专业化知识分散存在于不同的劳动个体,形成所谓的"隐性知识"或者专业知识,每个个体都集中于自己的专业领域,随着分工的进一步细化,技术水平、知识积累进一步加强和提高,大量的积累知识是技术创新的根本和基础。产业集群的企业也是这样,产业集群的分工同样是知识的分工和协助,在产业集群整体上为社会提供产品或者服务的时候,每一家集群企业只是从事整个生产流程的某一个环节,这样的分工专业化同样提高了每一家企业的技术能力和知识积累,

技术创新是一个多方合作的系统工程,需要多个知识主体的合作,集群企业技术创新同样不是简单的某一家企业能够单独完成的。由于分工专业化的程度越来越强,每一家企业都不可能占有所有技术所需要的知识信息,产业集群在空间上的集聚,使得企业竞争对手增加的同时,也增加了企业之间技术创新合作的可能性,产业集群中的这种分工合作机制,能够产生技术创新的协同效应,产业集群中的企业能够实现整体协调,产生功能耦合效应,远大于每个企业的功能之和。随着这种建立在分工协调上的技术创新行为的展开,技术创新成果所形成的知识技术能够很快得到推广应用,将进一步促进更多技术创新的产生。产业集群中

的企业技术创新活动具有路径依赖特征,只有具备较高知识积累或者知识储备的企业才有可能从事技术创新活动,在产业集群这种分工专业化的技术创新方式中每一家企业都能从中获益,形成技术创新的正反馈效应和技术创新的自我增强的循环,能够推动企业不断持续的技术创新。

二、知识溢出所产生的动力

集群企业进行技术创新学习投入,有效吸收外部知识,提高自己的知识存量,是集群企业不断获得可持续竞争力的源泉之一。知识溢出对集群企业技术创新行为起着重要作用,是集群企业技术创新的重要基础,集群企业的技术创新行为每一步都需要得到外部知识源的支持,需要关联组织或企业共同协助。知识溢出产生的技术创新优势效应有利于集群企业提高技术创新效率、降低技术创新成本与风险,有助于企业激活内部的隐性知识,形成企业独特的竞争优势。

首先,知识外溢技术扩散所产生的技术创新动力,产业集群中知识溢出效应明显,企业为了获得外部流动的溢出知识,将会不断进行学习,给企业技术创新后动带来持续的动力。产业集群中存在着适合企业技术创新的氛围,企业之间、企业员工之间的正式与不正式的交流合作,能够促使知识、信息、技术快速传播,企业可以从中发现技术创新机遇。

特别是专门技术或生产诀窍等隐性知识,因为产业集群内部很强的交流机制、信任机制等集群因素,这些隐性知识能够通过人员的交流、非正式交往等进行传播、扩散和改进,产业集群中这种大量的溢出知识企业能够很容易的获取,企业对最新技术创新能够较为容易地感知,可以进行知识技术转移和利用,促进企业技术创新的开展。

其次,产业集群学习氛围所产生的企业技术动力,产业集群中的每一家企业面对外部知识技术的新发展,都将进行学习过程或者技术模仿过程,企业通过学习和模仿,追赶技术领先的竞争对手,产业集群中的这种学习氛围很大程度上促进了企业技术创新的动力。由于在产业集群中存在着大量的技术模仿者,对于技术创新者来说,为了保持技术领先,保持竞争优势,企业只有进一步加大新的技术创新,从而带动整个产业集群的技术进步。对于技术模仿者来说,学习本身也是一种技术提高的过程,企业学习需要拥有一定的知识基础,模仿者为了更好地吸收利用外部知识也需要不断提高自己的技术水平。

知识溢出的积极作用能够促使集群企业最大程度、最低成本和最短时间获取所需的各种知识,由此推动产业集群规模的扩张及结构优化整合,促进集群整体知识积累水平的提高,是形成产业集群知识竞争优势的重要因素。

三、集群文化所产生的动力

产业集群本身就是由一系列紧密相关的企业或其他机构组成,产业集群内许多从事同一产品生产或提供同一服务的企业,集群中的企业之间的竞争比产业集群之外表现得更为激烈,每一家企业都试图领先于别的企业,技术创新是一种较为现实的途径。产业集群的技术创新一般是由于某一家企业率先进行技术创新,并且取得技术创新成果时,将之前的技术水平均衡状态打破,处于不利地位的企业也将进行学习或者开展更高层次的技术创新。在产业集群这种竞争环境中集群企业技术创新动力十分明显。

集群技术创新文化在集群企业技术创新活动中起着十分重要的作用,在一个技术创新氛围很浓的产业集群中,每一家企业的技术创新积极性都非常高,能够培养企业技术创新精神和创业精神;相反在一个产业集群技术创新氛围淡、创新精神不强的产业集群中,集群中的企业也将由于缺乏学习技术动力而不断走向衰落。

总之,在产业集群体内,企业不但在地理空间上聚集在一起,而且在整个产业链条上处于不同的分工,产业集群的生产链条或者是知识链条有机地将每一家企业联系起来,使集群各个主体逐渐形成一个竞争、合作、技术创新、学习的整体。知识、技术、信息在产业集群中能够顺畅地扩散,技术创新成本降低,给整个产业集群带来增值,为企业以及整个产业集群带来了竞争优势,提高了集群整体技术创新能力。

第二节 集群企业技术创新的影响因素

知识经济时代,大量企业积极进行技术创新,探索开发新产品、新生产工艺或改进现有技术知识,企业开展技术创新活动能够为企业的竞争优势提供一个不可枯竭的源泉。然而,企业之间的技术创新投入不尽相同,造成这种差异的原因有两个方面:一是企业外部因素,企业所处的产业结构因素,即产业集中程度、市场需求刺激、技术机遇、技术创新支出稳定性或知识溢出存在状况等结构因素对企业技术创新战略产生的影响。这些外在因素共同形成了企业的技术创新行为的外部环境(Geroski,1990;Klevorick,1995)。二是企业的内部因素,企业战略与组织基础等,例如企业规模、企业内部之间的合作机制、人力资源管理流程、自我理财能力、战略多样性以及企业独特能力等企业内部因素对企业技术创新行为产生的重大影响。虽然这些内在因素对于企业而言是可以控制的,但是,当企业在决定是否开展技术创新活动或者如何开展技术创新实践时,这些因素都会影响企业技术创新行为选择(Henderson 和 Cockburn,1994;Cohen 和 Klepper,1996)。集群企业技术创新行为选择的影响因素如图 5-1所示。

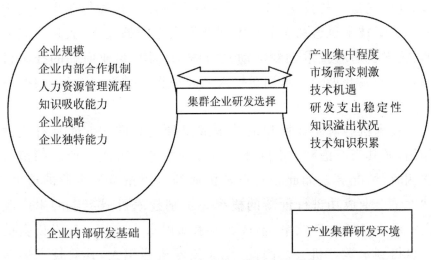

图 5-1　集群企业技术创新行为影响因素

在有关企业技术创新行为的理论研究与实证分析中,需要综合考虑企业行业结构特征和企业内部管理特征,这两种因素共同影响着企业技术创新行为。分析企业内外部两种因素的各自作用,能够解释形成企业技术创新行为过程,可以解释企业行业结构因素和企业内部管理因素之间的相互作用以及这些因素在企业技术创新行为中的影响与重要程度等问题。

一、外部影响因素

(一)企业外部技术机遇

企业外部技术机遇是指用于反映不同产业技术进步可能性的概念,该因素表示在耗费时间和成本方面,特定知识领域内(即特定行业内)产生技术创新的难易。技术机遇的级别依赖于企业技术领域自身特点、企业发展轨迹、企业存在时间长短以及企业与基础科学的疏远程度等。企业外部技术机遇被用来解释不同行业在技术进步各部门总生产力以及经济增长方面的差异(Harabi,1995)。

人们都注意到,比起其他行业,某些行业更易于取得技术进步,这可能是由科技在不同发展速度和难度与相关行业进步决定的。关于技术机遇和企业技术创新投入之间的关系,大量研究表明,技术机遇对技术创新活动具有激励作用,企业面临的技术机遇水平同其开展的技术创新投入之间呈正比关系(Levin,1985;Jaffe,1989)。

技术机遇对企业所得的技术成果种类和样式方面具有关键作用,尤其当考虑到 R&D 开支情况和新开发或改进产品的销售比例时,情况更是如此。对技术机遇的应用拓宽了企业的能力,加大了企业成功进行创新的概率。识别技术机遇产生的生产改良活动提高了生产效率,丰富了技术知识水平,同时,技术创新员工也得到了学习机会。因此,企业技术机遇越大,其对技术创新投资的动力就越强,获得积极成果的可能性就越大,在科技环境中运行拥有高水平科技机遇的企业会进行更多的技术创新投入。

(二)企业外部流动知识

在同一个行业中运行的所有企业在获得外部流动知识时都有相同的机会,溢出的外部流动知识是通过在一个行业总技术创新指数而衡量的。企业在进行技术创新投入成果的过程中,会产生大量的流动知识,而其他企业则可能原封不动地将这些知识直接利用,这种外部公共知识的流动直接构成了所谓的知识溢出。

在一定程度上,某行业的知识溢出同技术创新支出形成了反比关系,事实上,企业竞争所在行业知识溢出量越大,企业技术创新支出难度也就越大。知识溢出在加速行业技术进步、增加社会回馈的同时,在技术创新领域对私有投资也具有抑制作用,这意味着知识溢出减少了企业技术创新投入。这种抑制作用是由两个因素引起的,一方面,创新企业如果看到其投入的成果利用度逐渐降低;它们便会限制对技术创新的投资。另一方面,模仿企业(知识的吸收者)如果可以利用公共技术知识,只要外部知识可以替代内部知识,而不仅是内部知识的补充,它们将抑制任何技术创新活动(Levin 和 Reiss,1988)。这一抑制作用的大小依赖于存在于任何特定环境的知识溢出的水平和本质,也依赖于企业间的竞争强度。在此基础上推理分析,在微观经济或企业层次上,对技术创新投资决策角度来讲,在具有高水平溢出的科技环境中运行的企业对技术创新的投入相对较少。

从另一角度分析,企业之所以能够有效获取外部知识,是其原先在企业内部曾经生成大量知识,这一过程使得企业可以理解、评估并且应用其所处环境内的知识。当然,企业获得外部知识并不是毫无代价的,实际上,企业获得这样一种知识吸收能力是企业内部技术创新(R&D)活动的结果之一,因此,吸收能力的创造并非毫无代价的,因为企业需要预测同技术创新(R&D)活动相关的成本(Cohen 和 Levinthal,1989)。

这一观点导致了先前对知识溢出同技术创新(R&D)投入之间关系假设的修正。事实上,知识受其生产者保护这一事实并不意味着知识将被其他竞争者模仿。只有当存在企业能够吸收这种知识的环境,模仿才会发生;如果不存在这种环境,技术创新企业就会得到由其投入带来的足够赔偿,知识溢出对企业技术创新活动的抑制作用也不会存在了。

二、内部影响因素

企业外部技术机遇和知识溢出这两个与行业结构相关的因素将影响企业的创新投入水平,然而,企业内部特色自身也会影响创新活动,特别是企业的知识吸收能力。企业知识吸收能力是企业识别、同化吸收外界知识,并将其用于商业用途的能力。企业知识吸收能力越来越被人们认识到是决定企业创新投入最显著的商业特征(Veugelers,1997)。

正如 Cohen 和 Levinthal(1990)所指出的,企业评估并利用外部知识的能力基本上是先在相关知识的一个功能。在其最低层次上,先在知识视为包含企业基本能力或甚至是企业共享语言,但是也可指示企业对特定领域最新科技进步的认识。这些先在知识是以企业进行的自身技术创新活动而产生的附产品的形式出现的,知识吸收能力对创新活动生产力具有积极效果,并可以提高新产品发展过程的效率,企业可以获得利用知识的多种范畴,并将其视为吸收能力本质的功能(Stock 等,2001)。企业知识吸收能力构成了企业内部成功进行技术知识转化的一个因素,最重要的是,其在达成技术合作协议时,企业知识吸收能力起的作用被认为是促成其成功的重要因素(Shenkar 和 Li,1999)。

企业现在的吸收能力依赖于过去的创新投入,虽然考察企业知识吸收能力同企业技术创新投入关系的实证研究并不多见,但事实上,企业知识吸收能力和企业技术创新投入的关系是紧密相关的,过去有技术创新纪录的企业,在当前会加大技术创新投入(Becker 和 Peters,2000)。由于企业处于利用各种知识资源的有利地位,无论这些资源是内部的还是外部的,过去成功积累了一定的知识吸收能力的企业,当前创新的可能性相对更大,即具有更强吸收能力的企业会进行更多的创新投入。

通过上述分析,在企业技术创新行为中,影响因素主要来自企业外部和内部,在企业外部对企业技术创新行为的影响行业因素主要有:技术机遇和知识溢出状况;在企业内部对企业技术创新行为的影响行业因素主要有:企业技术创新投入和企业知识吸收能力。技术机遇和知识溢出,这两个因素都同企业活动中知识领域紧密相关,企业所在外部环境为其提供了技术机遇;企业正是依靠自己知识吸收能力和学习能力接触这些机遇,企业的知识吸收能力与学习能力在很大程度上影响着企业技术创新行为,企业知识吸收能力是企业内外知识联系的重要因素。

企业技术创新投入反映了一个企业在一定时期内进行的技术创新活动的资源量。技术创新投入的测量通常有两种方式,一种是绝对测量方式,即测量技术创新(R&D)支出、技术创新人员数量和技术创新时间长短等,另一种是相对测量方式,即测量技术创新支出占销售额的比重、技术创新支出与总员工数量的比重等。以上两种技术创新投入的测量方式有一个共同点,即它们都能显示企业内部以技术创新为形态对创新过程的输入。

虽然这些技术创新投入的测量方式应用广泛,但是,它们都趋于过低地估计企业对技术创新的真正投入,仅用技术创新(R&D)活动并不能完全识别出一个企业的全部技术创新投入。企业全面的技术创新投入,还应该包含技术创新(R&D)活动支出以及操作前后的学习支出等。企业技术创新投入的绝对测量方式和相对测量方式则忽略了其他蕴含于企业内的各种学习使用费用,比如,通过实践,边做边学,在生产活动的同时产生知识技术的资源费用;通过使用,边用边学,客户使用企业产品时通过对不同方法的观察发现所获得知识技术的费用;通过失误,对上层管理部门的错误决定进行分析而得到的资源费用,等等。上述三种学习方式同样形成了企业的新技术知识来源,企业无意识地将这些知识转化到具有强大竞争作用的技术创新活动中。很明显,企业利用这些学习资源对其技术创新投入产生了重要的影响。

当然,企业技术创新(R&D)开支与销售额之间的比率仍被视为技术创新投入的一个较好测量方式,企业也习惯倾向于技术创新(R&D)开支可以代表其技术创新力度和倾向性,对技术创新(R&D)活动的投入就是这种倾向的指示器,特别是对于基于化学、电学和电子等理工学科的行业部门,这些测量方式对于评估这些行业部门的技术创新投入是最合适的。

在具有高水平技术机遇环境中运作的企业,在技术创新(R&D)投资方面更为积极。当然,技术机遇因素并不完全是外生因素,其对企业技术创新(R&D)投入的影响依赖于企业的内部特征(Teece,1997)。企业应用这些技术机遇的程度,在很大程度上依赖于其可以掌握的知识和能力。只有积累了一定量的知识并拥有一定吸收能力的企业才能利用技术机遇库(Klevorick,1995)。相反,未达到最少知识积累的企业不能享受隶属于良好技术机遇环境所带来的诸多溢出。技术机遇和技术创新(R&D)投入这两个因素之间的关系取决于企业的知识吸收能力因素,企业知识吸收能力的存在对于任何规模的技术机遇对技术创新(R&D)投入的影响,都是必不可少的作用。

通过分析企业外部因素和企业技术创新投入之间的关系显示,技术机遇和企业技术创新投入之间存在积极的关系,这意味着在具有最大进步潜能的科研环境中,企业最容易进行技术创新。同样,企业内部的知识吸收能力和企业技术创新投入之间也存在重要而积极的关系,具有较强知识吸收能力的企业能够利用其他企业所创造的知识,从而具有更强的获取利润的能力。比起其他变量,企业知识吸收能力具有最强的解释作用,在企业内部因素中,企业知识吸收能力,在决定企业技术创新投入方面比行业因素更为重要。

第三节　集群企业技术创新策略分析

知识溢出是在知识交流与交易过程中不断进行的权衡与博弈。知识溢出是知识扩散的形式之一,通过不断的知识积累提高了整个社会的资本生产率,使得知识、资本、劳动力等投入要素具有递增收益,从而促进长期稳定的经济增长。但溢出效用造成的知识资产流失、高投入低收益等负面效应却影响了知识个体的创新积极性,不利于保护知识创新者的合法利益。同时"知识披露悖论"的存在也使得知识拥有者裹足不前,因为合作的结局往往是一方面合作半途而废,合作收益成为空中楼阁;另一方面自己的知识资产却在合作的交流与谈判中被合作方窃取甚至挪用,最终丧失了知识和技术的主动权。

产业集群的一个基本属性是集群单元间协作竞争产生集聚能量,集群单元间通过公共设施、资源、信息、劳动力等方面的交流合作,产生协同效应,比企业单独运作时获得更多的收益。

因此,产业集群各单元间的技术创新合作是一种非零合博弈,本文通过建立博弈模型来分析产业集群发展过程中的产业集群萌芽期和稳定期的企业技术创新选择策略。

一、企业技术创新初始期策略

在产业集群萌芽期,由于集群介质较少,集群单元间的随机结成的合作联系的次数也较少,因此,可以利用囚徒困境模型来分析此阶段的企业技术创新策略。

(一)模型的假设

(1)产业集群内的集群单元都是理性的经济人。

(2)每个集群单元都知道其他企业的选择战略。

(3)每个集群单元都会在技术创新合作方战略给定的条件下选择适当的战略来实现自己报酬的最大化。

(4)集群单元可以选择的技术创新战略只有两种:合作和不合作。

(5)A 企业与 B 企业采取有限次重复策略选择。

(二)集群萌芽期企业技术创新选择博弈模型的构建

假设集群单元有 A 和 B 两类企业,它们之间建立技术创新合作的博弈的支付矩阵为图 5-2。其中前一个数字是 A 企业的所得,后一个数字是 B 企业的所得。对于 A 企业来说,若 B 企业采取合作策略,A 企业可能获得的利润是 50 或 60,依据"经济人"的假设,A 企业一定会选择不合作,获得 60 的收益;若 B 企业采取不合作策略,A 企业获得的利润是 40 或 45,此时,A 企业为了实现自身利益最大化会选择不合作策略获得 45 的收益,则无论 B 企业采取何种策略,A 企业都会采取不合作策略。同样道理,B 企业也会采取不合作策略。所以,(不合作、不合作)成为该策略组合的唯一的纳什均衡,A 企业获得 45 的收益,B 企业获得 45 的收益,总利润为 90,这与帕累托最优策略的(合作、合作)获得总利润 100 相背离。

A 企业和 B 企业都知道采取合作技术创新策略可以获得更

大的收益,但是根据假设二者进行有限次策略选择,其博弈的最终结果与进行一次博弈的结果相同,二者都会选择不合作策略。这主要是因为在有限次重复博弈中,任何一方在最后一阶段选择不合作技术创新策略,不会导致其他参与人的报复,则所有参与人都会在最后一阶段的博弈中选择自己的占优策略,即不合作技术创新策略。既然所有参与人都会在最后阶段采取不合作策略,那么,在倒数第二阶段也就没必要担心采取不合作技术创新而遭到报复。因此,所有参与人在倒数第二阶段也会选择自己的占优策略,采取不合作技术创新策略。

依次类推,可以得出结论:A 企业与 B 企业进行有限次重复博弈选择,存在阶段性的唯一纳什均衡(不合作、不合作),则该阶段性的纳什均衡解就构成了重复有限次博弈的唯一子博弈精炼纳什均衡解。

A 类企业

B 类企业	合 作	不合作
合 作	60	50
不合作	50	40

图 5-2　A 和 B 两类企业的博弈支付矩阵

在产业集群萌芽阶段,集群单元虽在某一特定区域集聚但本质上并非形成真正的产业集群,集群的内部界面和外部界面都不完善、没有形成内部企业间有效的交流平台和可信的威胁惩罚机制,致使相关企业间进行有限次合作博弈,虽然都知道(合作、合作)为帕累托最优策略,但为了防止竞争对手的不合作行为的发生,每个参与企业都会选择自己的占优策略,即不合作策略,则(不合作、不合作)就构成了该阶段下相关企业间有限次合作博弈的唯一纳什均衡解。因此,此阶段产业集群内相关企业间结成的技术创新合作关系呈现出不稳定的状态。

二、企业技术创新成熟期策略

在产业集群处于形成期向稳定期过渡阶段时,集群各主体单元间进行物质、资源、信息、能量等交流和传导的媒介、机制已基本形成。集群内的市场机制、对话平台、信任机制、规章制度对其内部的相关企业产生了约束作用,相关企业合作交流的产品种类、规格等形成了统一的标准。可以说,理性的企业为了实现自身利益的最大化,彼此间有意愿建立合作竞争关系,并且这种合作竞争是一种动态选择过程。因此,可以通过建立集群内主体单元间的协作竞争博弈模型来分析集群企业的创新技术创新行为,若集群企业在动态选择过程中都采取合作的策略,则集群创新技术创新行为就达到一种稳定的状态。

(一)集群稳定期企业技术创新选择博弈模型的特征

(1)集群企业选择的不确定性。每个企业从自身利益最大化进行策略选择,在动态选择过程中,当合作有利时,会选择合作策略,反之,采取不合作策略。当企业选择不合作时,会给合作方带来一定的损失和风险。

(2)重复博弈。集群企业间建立的合作伙伴关系是重复多次的,企业可以观察到对方过去的策略选择,每一阶段博弈间没有物质上的联系,即前一阶段的企业博弈选择的结果不改变后一阶段的博弈结构,企业关心的是一种长期信任的收益,并不仅考虑一次的收益,如图 5-3 所示。

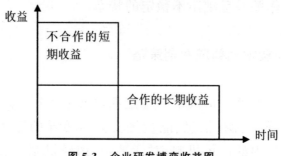

图 5-3　企业研发博弈收益图

（3）非零和博弈。协同竞争的结果可以使合作双方都获得收益，参与人的总支付（总收益）是所有阶段博弈支付的贴现值之和。

（二）集群稳定期企业技术创新策略选择博弈模型构建

为了建立模型及简化计算，本文做以下假设。

（1）产业集群内由 n 个企业构成，企业间为了能够获得技术创新租金，彼此间进行信息、资源、人才等要素的交流与合作，每次合作的总投入为 T，而每个企业所占的比例为 a_i，且 $a_1 + a_2 + a_3 + \cdots + a_n = 1$。

（2）若企业间相互信任，彼此采取合作技术创新策略，则合作技术创新能量为 R，按照不同企业的投入比例进行分配，其技术创新能量大小与合作技术创新效应系数 $k(k>1)$ 正相关。若企业间相互不信任，彼此采取不合作策略，则合作技术创新能量不产生，此时假设彼此的支付都为 0。若集群内一些企业采取合作策略，另外一些企业采取不合作策略，则合作企业的投入完全被不合作企业所获得，致使合作企业在以后的行为选择中采取不合作策略。

（3）产业集群内企业的技术创新合作行为受到一种正反馈激励，用 $\beta(\beta>0)$ 表示合作激励因子，技术创新合作具有正向累积性，每次合作都会在原来的基础上受到一次正的激励，即技术创新合作次数越多，合作越默契，合作激励因子越大，技术创新合作产生的能量也越大。

（4）产业集群内具有集体惩罚机制，将对不合作的企业采取惩罚，若 i 企业采取不合作行为，集群内的其他企业今后都将会与他采取不合作行为，此时，i 企业在集群内的投资产生沉没成本 C_i，$C_i = a_i I \mu$，其中，$\mu = \alpha q$ 表示为集群的集体惩罚强度，α 为惩罚指数。合作技术创新界面越好，α 越大；其他企业合作概率越大，α 越大，表示对不合作企业集体采取的惩罚力度越强。

（5）贴现因子为 δ，$0 < \delta < 1$，这里所指的贴现因子 δ 不仅指贴现率，还受到企业对未来的预期的影响。

（6）为了讨论方便，本文这里假设存在两类企业 F 和 -F，F 类企业采取合作技术创新策略的概率为 p，对应了不合作的概率为 $1-p$，而 -F 类企业采取不合作策略的概率为 q，不合作的概率为 $1-q$。

基于以上假设，F 类企业与 -F 类企业建立的协同竞争重复博弈的支付矩阵如表 5-1 所示。

表 5-1　集群企业竞争合作博弈的支付矩阵

状态 （概率）		-F 类企业			
		合作 q		不合作 $1-q$	
F 类企业	合作 p	Π_{1i}	Π_{1-i}	Π_{2i}	Π_{2-i}
	不合作 $1-p$	Π_{3i}	Π_{3-i}	Π_{4i}	Π_{4-i}

下面根据假设仅对 F 类企业进行策略选择的支付情况进行分析，在相同策略决策环境下，-F 类企业的行为选择与 F 类企业相同。

第一种状态，集群内企业都采取技术创新合作行为，则 F 类企业的收益份额为：

$$\Pi_{1i} = \sum_{j=1}^{n} pqka_i I (1+\beta)^{j-1} \qquad (1)$$

第二种状态，当 F 类企业采取技术创新合作策略而 -F 类企业采取不合作策略时，F 类企业不仅不能够获得技术创新合作的合作能量，还将会由于 -F 类企业采取不合作策略而使得最初的投入由－F 类企业获得，则 F 类企业的收益份额为：

$$\Pi_{2i} = -p(1-q)a_iI \tag{2}$$

第三种状态，当 F 类企业采取不合作行为，而－F 类企业采取合作行为时，此时，F 类企业的收益为最后一阶段合作时－F 类企业投入的损失和共生体对 F 类企业采取的惩罚，并且此后其他企业都将对他采取不合作行为。则 F 类企业的收益份额为：

$$\Pi_{3i} = (1-p)q(1-a_i)I - C_i = (1-p)q(1-a_i)I - a_iI\alpha q \tag{3}$$

第四种状态，当两类企业都采取不合作策略时，F 类企业的收益份额为：

$$\Pi_{4i} = 0 \tag{4}$$

从 F 类企业的角度来分析收益函数，假设 F 类企业对自己的选择具有完全信息，而集群内的－F 类企业具有不完全信息，F 企业的策略选择主要取决于它选择合作时 $p=1$ 的期望收益和他选择不合作时 $p=0$ 的期望收益之差，用 $\Delta\Pi_i$ 表示，当 $\Delta\Pi_i \geqslant 0$ 时，F 类企业选择合作策略。

$$\Delta\Pi_i = \Pi_i(p=1) - \Pi_i(p=0) \tag{5}$$

$\Pi_i(p=1)$ 表示其他企业选择合作策略时 F 类企业选择合作策略的收益与其他企业选择不合作策略时 F 类企业选择合作的收益之和，

$$\Pi_i(p=1) = (\Pi_{1i} + \Pi_{1i}\delta + \Pi_{1i}\delta^2 + \cdots + \Pi_{1i}\delta^n) + (\Pi_{2i}) = \Pi_{1i}\frac{1-\delta^n}{1-\delta} + \Pi_{2i} \tag{6}$$

将(1)、(2)代入(6)得：

$$\Pi_i(p=1) = \sum_{j=1}^{n} pqka_iI(1+\beta)^{j-1}\frac{1-\delta^n}{1-\delta} - p(1-q)a_iI \tag{7}$$

$\Pi_i(p=0)$ 表示其他企业选择技术创新合作时 F 类企业选择不合作时的收益，这将遭到其他企业的惩罚，在以后各阶段也采取不合作策略。

$$\Pi_i(p=0) = (\Pi_{3i} + \Pi_{4i}\delta + \Pi_{4i}\delta^2 + \cdots + \Pi_{4i}\delta^n) \tag{8}$$

将(3)、(4)代入(8)得：

$$\Pi_i(p = 0) = (1 - p)q(1 - a_i)I - a_iI\alpha q \tag{9}$$

将(7)、(9)代入(5)得：

$$\Delta\Pi_i = \sum_{j=1}^{n} pqka_iI(1+\beta)^{j-1}\frac{1-\delta^n}{1-\delta} - p(1-q)a_iI -$$

$$(1-p)q(1-a_i)I - a_iI\alpha q \geqslant 0 \tag{10}$$

由于 $(1+\beta) > 1$，$n \to \infty$ 时，$\dfrac{1-\delta^n}{1-\delta} > 1$，则 $\sum\limits_{j=1}^{n} pqka_iI(1+$

$\beta)^{j-1}\dfrac{1-\delta^n}{1-\delta} > pqka_iI(1+\beta)^{j-1}$。

因此，若 $pqka_iI(1+\beta)^{j-1} - p(1-q)a_iI - (1-p)q(1-a_i)I -$
$a_iI\alpha q \geqslant 0$ 成立，(10)式也会成立。

通过求解不等式得：$a_i \geqslant \dfrac{1}{k(1+\beta)^{n-1} + 2 + \alpha - \dfrac{1}{q}}$ (11)

在相同策略决策环境下，-F 类企业的行为选择与 F 类企业

相同，$a_{-i} \geqslant \dfrac{1}{k(1+\beta)^{n-1} + 2 + \alpha - \dfrac{1}{p}}$ (12)

所以，我们可以得出集群内 F 类企业与-F 类企业技术创新投资比例满足(11)、(12)，相关企业都意愿采取合作技术创新策略，此时，集群企业技术创新合作行为达到稳定的协同竞争状态。

(三)稳定期企业技术创新策略选择博弈模型的结论

(1)在产业集群中，当技术创新合作效应系数 k 较大时，企业间协同竞争能够产生较大的技术创新合作能量，即使企业自身在集群内总投资所占比例不大，企业也倾向于采取合作的行为。也可以说，企业彼此合作技术创新，产生的收益较高时，技术创新合作共生体较为稳定，技术创新合作能量的产生是集群的一个基本属性。

(2)在集群中，当相关企业彼此间技术创新合作次数较多时，或者内部技术创新合作单元间形成的合作关系较密切时，产生合作的正向激励累积作用就会较大，此时，企业彼此倾向于技术创

新合作,技术创新合作共生体处于稳定状态。

(3)在产业集群中,当结成技术创新合作关系的不同企业都具有较强的合作意愿时,技术创新合作关系较为稳定。

(4)当技术创新合作界面较为完善,即合作的企业间在资源、产品、信息等方面达成了一致的标准、形成了交流合作的渠道和媒介,并建立了完善的市场机制、法律法规等规则机制,技术创新合作单元间可以较为顺利的交流,并能够对不按照规章履行合作行为的企业采取可信的惩罚时,企业间建立的技术创新合作关系较为稳定。

三、企业创新策略的经济学分析

进入知识经济时代,知识资源成为企业的重要资源,其稀缺性对企业的持续生存与发展提出新的挑战。在产业价值链中,技术创新已经成为企业获得利润的重要来源,也是企业核心价值的重要组成部分。由于中国企业大多处于产业价值链的中下端,进行原始的加工制造,利润空间较小,在与国际企业的竞争中处于劣势地位。同时国内企业的技术创新基础比较薄弱,为了在激烈的竞争环境中生存下去,国内企业开始寻求技术创新合作伙伴来获取互补资源,通过合作技术创新来分担技术创新风险并降低成本,提高技术创新效率。

(一)产业集群发展不同阶段企业的技术创新策略选择

集群企业之间建立合作技术创新关系的优势可以归纳为以下六点:一是现代科学技术的日益复杂,使得任何一个企业都不可能从其内部获得它们所需要的全部技术资源,同大学、科研机构或其他企业建立合作技术创新就成为它们的有效选择;二是减少或分担研究开发活动的不确定性,这种不确定性带来的创新风险使企业可能得不到预期的研究成果;三是科技资源的稀缺,通过合作技术创新,协调不同类型的高技术人才进行合作,可以避免资源的重复配置；四是获得持续的竞争优势，国际企业通过技术创新合作建立某些技术标准严重威胁国内企业的市场地位，国内企业只有建立具有自主知识产权的技术标准才能获得核心竞争力；五是合作技术创新比企业自身技术创新可以获得更大的知识深度和知识广度；六是产业集群中，其核心企业发挥着关键作用，对合作技术创新关系的构建和维持有重要影响。

在产业集群发展初期，集群单元虽在某一特定区域集聚但本质上并非形成真正的产业集群，集群的内部界面和外部界面都不完善、没有形成内部企业间有效地交流平台和可信的威胁惩罚机制，致使相关企业间进行有限次合作博弈，虽然都知道合作技术创新为帕累托最优策略，但为了防止竞争对手的不合作行为的发生，每个参与企业都会选择自己的占优策略，即不合作策略，则不合作技术创新就构成了该阶段下相关企业间有限次合作博弈的唯一纳什均衡解。因此，此阶段产业集群内相关企业间结成的技术创新合作关系呈现出不稳定的状态。

随着产业集群的发展和不断成熟，在产业集群中，企业间协同竞争能够产生较大的技术创新合作能量，即使企业自身在集群内总投资所占比例不大，企业也倾向于采取合作的行为。也可以说，企业彼此合作技术创新，产生的收益较高时，技术创新合作共生体较为稳定，技术创新合作能量的产生是集群的一个基本属性。当相关企业彼此间技术创新合作次数较多时，或者内部技术创新合作单元间形成的合作关系较密切时，产生合作的正向激励累积作用就会较大，此时，企业彼此倾向于技术创新合作，技术创新合作共生体处于稳定状态。

到了产业集群发展成熟时期，在产业集群中，当结成技术创新合作关系的不同企业都具有较强的合作意愿时，技术创新合作关系较为稳定。技术创新合作界面较为完善，即合作的企业间在资源、产品、信息等方面达成了一致的标准、形成了交流合作的渠道和媒介，并建立了完善的市场机制、法律法规等规则机制，技术创新合作单元间可以较为顺利地交流，并能够对不按照规章履行合作行为的企业采取可信的惩罚时,企业间建立的技术创新合作关系较为稳定。

(二)集群企业技术创新策略选择的经济学解释

知识溢出与集群企业技术创新策略选择的理论解释是,知识交流与交易过程中的博弈本质上是信誉与利益的较量与权衡。一个重复参与相同知识博弈的参与人可能会试图建立一个对于特定行为方式的声誉。如果一个参与人总是以同样的方式进行博弈,那么他的对手就会预测他的博弈模式,从而相应地调整自身的行为。重复次数的重要性来自于参与人在短期利益与长远利益之间的计算权衡。当博弈只进行一次时,每个参与人只关心一次性的支付;但如果博弈重复多次,参与人可能会为了长远利益而牺牲眼前利益,从而选择不同的均衡战略。尤其当一个参与人的特征不为他人所知时,该参与人有积极性建立一个好的声誉以换取长远的利益。此时,重复次数将对均衡结果的出现产生重大的影响。

可以通过增加交易次数建立知识博弈声誉模型以解决专用性资产所产生的"套牢"效应问题。这一思路也可证明,知识资产拥有者在知识溢出量一定的前提下,通过减少单次溢出量、增加溢出次数,有利于建立良好的声誉,从而促进长期合作的进行。也就是减少单位时间内知识溢出的绝对数量,以增加知识溢出频率的方式保证知识交流与交易过程中,知识拥有者能够获得知识优势地位和良好声誉。

还可以通过一个知识合作假设来分析知识外溢的途径、过程及结果。假设甲为知识资产的拥有者,期望通过合作实现知识价值获得知识资产的增值收入。乙为被寻求到的合作者,其投入为 I,可以是知识、资金、劳动力或这些资源的组合。甲希望促成合作的成功,因此愿意显示其合作诚意,可称其为"声誉人"。乙采取针锋相对策略,即若对方合作则合作,若对方偏离合作则放弃。乙将甲的主动知识溢出行为视为合作的信号,会针对主动知识溢出而采取相应的积极态度促成合作的成功。

再设 e 为知识溢出的主动程度,是分布于 $(0,1)$ 区间的随机变量,即 $0 < e < 1$。当 $e = 0$ 时,表明甲完全被动溢出知识,此时可以认为完全被动溢出代表着完全没有合作意向,合作方将终止合作,所以 $e = 0$ 不成立。当 $e = 1$ 时,表明甲完全主动溢出知识,此时可以认为完全主动溢出知识代表着自有知识资产的完全暴露。这种状况也不会出现。因为从甲的角度看,作为理性的知识投资行为人,虽然会主动溢出部分知识以建立合作声誉,但不会完全溢出所有知识而丧失主动权。而乙即便采取针锋相对策略,其理性目的也是获取自身利益的最大化,若能无成本地完全占有甲的知识,则会退出合作,知识披露悖论出现。所以 $e = 1$ 不成立。e 在区间 $(0,1)$ 之间随机分布,越趋向于 1,表明甲知识溢出的主动性越强。

另设当 e 无限趋向于 1 时的合作收益为 R,双方以 S 的比例分享合作收益,即甲获得 SR,乙获得 $(1-S)R$。此收益为期望的理想收益,双方合作不会终止而收益趋于最大化。在实际合作中,甲不可能完全溢出知识,而是以 e 的大小程度有控制的、部分的溢出知识,所获得的实际合作收益为 R',双方按照 S 的比例分享合作收益,甲获得 SR',乙获得 $(1-S)R'$。e 调节着收益的大小,e 越大,表明甲越主动溢出知识,收益值越大;e 越小,表明甲越被动溢出知识,收益值越小。因此,实际收益值与理想收益值之间存在如下线性关系:$R' = eR$。

知识溢出与集群企业技术创新策略选择的现实解释是,随着甲主动溢出知识程度的加大,乙认为甲表明了积极的合作态度与合作诚意,也积极投入合作,从而对合作收益的期望门槛放得越来越低。即只要有良好的合作诚意,即便合作收益较小,双方也会积极争取合作的成功。这一结论对于需要合作才能实现预期目标的企业而言具有重大的意义。即在自身难以独立完成某一任务而需要合作时,即便预期的合作收益较低,也可以通过主动的自我知识显示赢得合作方的信任和合作的实质性进行。

第四节　案例分析

一、案例背景与过程

(一)案例背景介绍

本调研案例分析是教育部人文社会科学重点研究基地重大项目"西部企业发展中的障碍与制约机制"(项目编号是05JJD790021)的阶段性工作。本人在项目中主要负责研究西部产业集群发展障碍及其对西部经济发展的制约。西部经济的发展很大程度上取决于西部企业的发展,西部企业在生产经营过程中面临着多种障碍,调查、识别、比较和归纳这些障碍因素,并进一步探讨西部企业发展的制约机制,具有重要理论价值和实践意义。

在理论上,运用现代企业发展、区域开发和组织管理的一般理论,对西部企业发展的障碍因素与制约机制的基本问题进行较为系统、深入全面的理论分析,包括分析西部企业所面临的外部障碍因素与内部障碍因素,明确关键障碍因素,并且深入探讨这些关键障碍因素对西部企业发展的制约机制。这将有助于对相关理论在结合西部企业发展问题上解释力的增强,在理论上对西部企业发展问题有更为透彻、深刻和更加符合实际的认识,更重要的是对这些理论本身是一种深化与拓展,丰富了企业发展理论,尤其是特定区域企业发展理论。

在实践上,为了抢占国际经济竞争的制高点,各国各地区都非常重视发展自己独特的产业集群特别是高科技含量、高附加值和高竞争力的高技术产业集群。中国同样面临国际经济竞争的压力,各地方政府也大力发展自己的产业集聚区,促进产业集群的发展。

　　对于西部地区来说,至 2008 年改革开放已历经 30 年来,随着中国经济的高速增长,由于历史、自然、地理等因素,西部地区的经济发展一直落后于全国其他地区,特别是严重落后于东部地区。至 2011 年,虽然西部大开发政策制定已实施 10 年,西部地区的经济实力、社会结构、基础设施等有了明显的改善和提高,但是,从东西部地区经济发展横向比较来看,西部大开发政策实施 10 年来东西部地区经济发展差距依然很大。西部地区各个省、直辖市、自治区都相应的制定和出台自己的产业振兴规划和产业集群发展计划,但是在产业规划和产业集群发展计划实施的过程中存在一定的困难和问题,因此,有必要进一步研究和分析西部地区产业集群发展现状和障碍,希望对理论研究特别是对西部地区经济增长和产业集群发展现实有所启示。表 5-2 为 2008 年中国东西部地区主要经济指标差距比较。

表 5-2　2008 年中国东西部地区主要经济指标差距比较

主要经济指标	全国总计	东部地区		西部地区	
		绝对数	占全国比重（%）	绝对数	占全国比重（%）
国内（地区）生产总值（亿元）	300 670.0	177 579.6	54.3	58 256.6	17.8
人均国内（地区）生产总值（元）	22 698	37 213		16 000	
全社会固定资产投资总额(亿元)	172 828.4	77 735.5	46.0	35 948.8	21.3
城镇居民可支配收入(元)	15 781	19 203		12 971	
农村居民人均纯收入(元)	4 761	6 598		3 518	

资料来源:根据 2009 年中国统计年鉴整理

(二)案例调研过程

1.调查问卷设计阶段

(1)调研企业行业和企业的选择。

为了更为深入地分析西部地区产业集群发展现状与存在问题,调查和甄别阻碍和制约西部地区企业产业集群发展的原因,课题组首先讨论和分析调研行业类别和具体预调研企业的选择问题。

首先,是调研企业行业的选择,由于西部企业种类齐全,门类繁多,同样不可能选取所有行业、所有企业作为调查研究的对象,通过课题组成员研究讨论,选取西部制造业企业作为调研对象企业。其一,西部的制造业企业具有悠久的历史背景,在新中国成立之初,从整个国家的整体利益出发,大批的制造型企业设置在西部地区,制造业依然是支撑西部经济的主体行业。其二,制造业属于典型的企业类型,具有产业链条长,生产周期长的特点,一般包括技术创新、生产、销售、原材料供应等各个环节,便于分析研究企业障碍和原因。另外,在选取西部制造业企业的同时,考虑到将来研究数据的可获取性以及企业资料的保密原则,倾向于选择西部制造业企业中上市公司作为主要的调研对象。其三,西部地区除西藏外,其装备制造业门类比较齐全,分布在 7 个大类、37 个中类,装备制造业是西部地区陕西省、四川省、重庆市、广西自治区等省区市最大的工业行业,也是其支柱产业之一,在地方国民经济发展中,占有举足轻重的地位,对地方经济贡献显著。从表 5-3 可以看出,2006 年四地装备制造业总产值占全省(市、区)工业总产值的比重均超过了 20%,重庆市更是高达 48.01%,装备制造业对 GDP 的拉动率也均超过了 20%,重庆市和陕西省分别高达 55.20%和 45.13%。

表 5-3　2006 年西部地区主要省市区装备制造业对地方经济的贡献

	四川省	重庆市	陕西省	广西区	贵州省	云南省	甘肃省
装备制造业工业总产值(亿元)	1 164.85	1 142.27	816.88	495.13	196.53	186.72	171.65
全省工业总产值	5 233.93	2 567.70	3 049.96	2 532.03	1 916.04	2 938.37	2 052.62
占全省工业总产值比重(%)	21.38	48.01	26.17	23.47	10.45	5.65	6.35
装备制造业对GDP 的贡献率(%)	5.42	10.24	9.49	4.41	3.36	1.35	2.31
装备制造业对GDP 的拉动率(%)	26.02	55.20	45.13	20.81	18.72	6.63	11.95

资料来源:根据各省 2005、2006 年统计年鉴整理

其次,在具体预调研企业的选择问题上,由于西部地区范围极广,共 12 个省、直辖市、自治区,不可能对每一个省份的企业都进行调查,通过课题组研究分析选定陕西省、甘肃省、青海省三省的装备制造业企业为预调研企业,因为这三个省从东到西分布,从中国西部地区最东的省份——陕西省延续到内陆省份甘肃省一直到中国的最内陆省份——青海省,这三个省的区域分布从东向西呈阶梯型,在以后的研究分析中具有可比性。因此,确定预调研西部地区企业名单与分布如表 5-4 所示。

表 5-4　西部企业发展中的障碍与制约机制课题组重点调研企业名单

序号	企业名称	所在省市	备注
1	青海华鼎实业股份有限公司	青海省西宁市	上市公司
2	西宁特殊钢股份有限公司	青海省西宁市	上市公司
3	青海机电有控股公司	青海省西宁市	
4	青海洁神装备制造集团有限公司	青海省西宁市	
5	天水星火机床有限责任公司	甘肃省天水市	
6	天水海林轴承有限责任公司	甘肃省天水市	

序号	企业名称	所在省市	备注
7	兰州电机有限责任公司	甘肃省兰州市	
8	兰州长城电工股份有限公司	甘肃省兰州市	上市公司
9	兰州石化集团公司	甘肃省兰州市	
10	陕西汽车集团有限责任公司	陕西省西安市	
11	陕西鼓风机(集团)有限公司	陕西省西安市	
12	秦川机床集团有限公司	陕西省宝鸡市	上市公司
13	陕西宝光真空电器股份有限公司	陕西省宝鸡市	上市公司
14	宝鸡机床集团有限公司	陕西省宝鸡市	
15	西安西电高压电磁有限责任公司	陕西省西安市	
17	西安陕鼓通风设备有限公司	陕西省西安市	

（2）调研问卷指标设计。

如前面理论和现实分析：制约和影响西部企业的因素繁多，有企业内部因素、企业外部因素；有政治、经济、文化、观念的因素；有自然环境、地理区位因素，等等，经过分析研究本课题主要选择以下因素作为研究西部企业发展障碍与制约因素的一级指标：A—对外开放不足，B—企业融资困难，C—品牌建设滞后，D—企业创新能力不足，E—产业集群度低，F—人才缺乏，G—商务成本过高，H—法律环境不完善，I—宏观战略规划引领性不足，J—政策支持不足，K—其他因素等11项主指标；在每一个主指标之下分别设计二级指标，各项二级指标共62个。

其中，企业创新能力不足和产业集群度低两项一级指标是本文研究的重点，在前面的理论分析中发现：在知识经济时代，技术创新、知识溢出是产业集群发展的核心要素和主要驱动力量，技术创新、知识溢出在很大程度上影响着产业集群的区位选择和发展形态以及集群升级换代；技术创新、知识溢出影响着产业集群中企业的衍生发展、集群规模、集群企业知识存量的变化；集群企业的知识存量是集群企业进行技术创新的必要基础，产业集群中的企业是否进行技术创新前文已经进行过理论分析和讨论。

在实际调研中，需要用实践去检验上述理论分析的真实性和可靠性等，在此列出企业创新能力不足和产业集群度低的二级指标:①企业创新能力不足的二级指标包括:A—创新风险太大,B—创新成本太高,C—创新资金不足,D—创新的回报期太长,E—科技技术创新人员不足,F—缺乏知识积累,G—缺乏市场信息,H—缺乏技术信息,I—缺乏健全的创新组织体系,J—企业内的变革阻力,K—缺乏创新合作机会,L—对创新的需求不确定,M—缺乏市场销售渠道,N—缺乏知识产权保护,O—法规、准则、标准、税收的限制,P—其他等16项;②产业集群度低的二级指标包括:A—产业分工不细致、链条比较短,B—产业专业化程度低,C—缺乏核心技术和自主知识产权,D—创新机制不健全、不能实现技术知识共享,E—产业组织程度低、区域网络发展不健全,F—外部环境差、不能实现规模经济,G—其他等7项。具体见附录调查问卷。

2.实地调研阶段

首先是企业实地调研。课题组对西部地区装备制造业行业中的企业进行问卷调查和相关访谈,整个实地调研共分为三个阶段,第一阶段青海省企业调研,第二阶段甘肃省企业调研,第三阶段陕西省企业调研。从2009年10月开始到12月结束,历时3个月,课题组成员先后赴青海省、甘肃省和陕西省对所选择的企业进行实地调研,除上述预定调研的17家企业之外,根据研究需要对西安市临潼区一些小企业进行调查,共调研企业20余家。在调研中,采取深度访谈的形式,对企业高层管理者和中层管理者进行访谈,共访问企业高层管理者和中层管理者30余人,获取企业管理者对制约西部企业发展因素的主观看法,形成研究的感性认识和原始资料。另外,为了使调查研究具有普遍意义,选择部分学者和政府官员进行访谈,获取学者和政府官员对西部企业发展障碍和制约因素的看法。

其次,在实地调研之后,课题组成员又详细查阅西部地区所有12个省、直辖市、自治区的全部上市公司2006—2008年三年的年度报告,以便从中发现有价值的研究内容,西部地区所有上市公司共计 188 家,上市公司的省份分布如表 5-5 所示。

表 5-5 西部地区上市公司的省份分布

地域	省份	上市公司数量
西部地区	内蒙古	20
	广西	25
	重庆	28
	云南	27
	陕西	29
	新疆	33
	四川	70
	贵州	18
	甘肃	20
	宁夏	11
	青海	10
	西藏	9

资料来源:根据 2009 年中国统计年鉴整理

二、调查结果描述

通过系统整理访谈记录和统计处理调查问卷,问卷统计结果显示,在所选取的制约西部企业发展的因素中人才缺乏和创新能力不足是制约西部企业发展的最为突出的障碍因素(如图 5-4)。

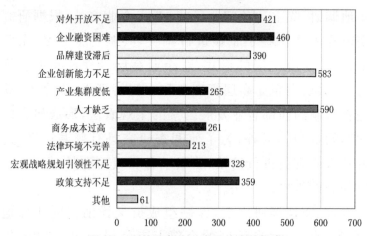

图 5-4 制约西部企业发展的主要因素

数据来源:根据问卷调查数据整理

　　影响和制约西部产业集群发展的主要原因是：产业专业化程度低；缺乏核心技术和自主知识产权；创新机制不健全、不能实现技术知识共享（见图 5-5）。

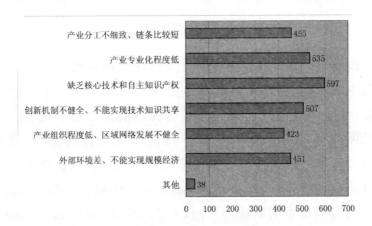

图 5-5　制约西部产业集群发展的原因

数据来源：根据问卷调查数据整理

　　制约西部企业创新活动的主要原因中最突出的则是科技技术创新人员不足和创新资金不足（见图 5-6）。

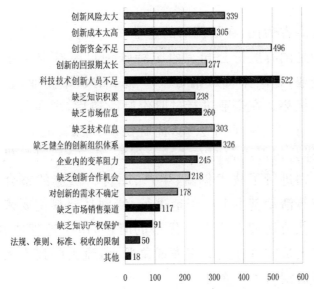

图 5-6　制约企业创新活动的原因

数据来源：根据问卷调查数据整理

三、西部地区产业集群与创新情况

(一)西部地区产业集群发展情况

通过整理访谈记录、查阅相关资料发现西部地区产业集群发展的基本现状是:西部地区产业集群发展自东向西存在逐渐弱化的现象,从陕西省的产业集群发展初具规模到甘肃省的具备产业集群发展的基础再到青海省的不具备产业集群的基础,逐渐弱化。西部各区域内的企业之间专业化分工程度不高、地域文化认同感较差、企业协同关系不强,产业相互的关联互补性差、缺乏竞争合作机制和技术创新动力,并没有发展形成理论意义上的产业集群,根据产业集群成长演变规律分析,西部地区的产业集群还处于起步形成阶段。西部地区产业集群发展具体现状如下。

第一种情况是在诸如青海省的区域基本没有产业集群的雏形,省内的企业基本上是孤立的个体,企业间的分工、配套、协助关系不强。

以青海省为例,在被调研的企业中,青海华鼎是股份制公司,西宁特钢是国有股份公司。西宁特殊钢集团有限责任公司曾经是军工企业,是国家特殊钢材生产加工的领军企业,企业拥有很强的技术优势。在企业进行过股份制改造后,现在公司拥有一家全资子公司、三家控股子公司,拥有铁矿、煤矿、钒矿、石灰石矿等资源,这样公司形成和拥有了技术创新、生产、原材料供应整个产业链。公司进行了技术创新、生产、原材料供应的整合,生产、原材料供应等活动基本上在当地进行,特别是原料主要来自自己下属企业。在公司拥有产业链优势的时候,由于地理或其他原因,公司技术人员或管理人员流失现象严重,流失的技术人员大多到了东部普通钢材生产企业。

为了克服地理区位劣势,青海华鼎实业股份有限公司走的是另外一条道路,通过联合广东万鼎企业集团实现自己的技术升级换代和观念转变,组合后的青海华鼎实业股份有限公司在内依托原青海重型机床厂的技术基础和生产加工能力,外部凭借广东万鼎企业集团所具有的市场优势,实现生产和市场的有效结合。针对青海西宁市的特殊地理位置,特别是当地科技实力不强、技术创新基础薄弱,留不住高端技术人才的现状,公司决定把企业的技术创新中心设在苏州工业园区,并已经在苏州建立自己的科研中心,进行技术创新工作。

青海省西宁市本身科技基础并不强,省内企业数量不多和质量普遍不高,并没有形成自己独特的产业集群。在这种背景下,企业的行为选择主要有两种:一种是与东西部企业联合,进行技术改造和拓展市场;一种是本地企业联合,整合本地企业资源,建立自己的产业链条。相对而言,立足本地进行本地资源整合进行企业联合的道路,长期看也许是形成西部产业集群的发展之路。西部企业竞争力差,经济效益一般不高,技术人员流失,原因也许很多,仅从产业集群的角度分析,从产业集群发展滞后的方面能够解释其中原因:由于科技基础薄弱,产业集群不能形成,企业缺乏相关配套部门或企业,原材料靠外部提供,产品主要运输到外部,形成企业"两头在外"的现象,加上远离市场,信息闭塞等因素,西部企业丧失很多与外部企业竞争的机会。企业没有竞争力,经济效益不高,对科技人员的激励也就不足,形成技术人员流失的一个恶性循环。

第二种情况是如甘肃省等区域虽然没有形成完整的产业集群,但是企业之间有一定的配套和合作关系,具备形成产业集群的基础。

以甘肃省为例,课题组成员于 2009 年 11 月 15 日到达甘肃省兰州市,调研对象选择兰州兰石集团公司。11 月 16 日对兰州兰石集团公司进行调研,主要方式是与公司高层和中层管理者进行访谈,发放调查问卷,11 月 17 日进行资料的整理。

兰州兰石集团有限公司(简称兰石集团)是按照建立现代企业制度的要求,在原兰州石油化工机械设备工程集团公司的基础上,于 2002 年 12 月 27 日改制组建的新型集团公司。兰石集团主营石油钻采机械、炼油化工设备及通用机械设备制造。兰石集团的前身兰州石油化工机器总厂始建于 1953 年,是我国第一个五年计划期间国家 156 个重点建设项目中的两个项目——兰州石油化工机械厂和兰州炼油化工设备厂合并而成的,是我国最大的石油钻采机械和炼油化工设备生产基地。兰石集团现拥有 15 个控、参股子公司和 6 家企业化单位。

在调研中发现,兰石集团是集科工贸为一体的大型集团公司,除了生产石油钻采机械、炼油化工设备、通用机械外,同时还具备设备安装、修理等能力,企业还兼营物资回收、市场开发、农林产品开发等,企业内部设有铁路专用线,物资运输快捷方便。从兰石集团的规模、企业构成、技术水平、技术创新能力、产品构成、市场占有率、行业地位等综合因素分析发现,兰石集团内部企业之间是建立在分工合作的关系至上的,产业链条较长,子公司之间有着互补关系,集团技术创新能力较强,技术水平较高,集团配套能力较强。通过分析发现,甘肃省内企业之间有一定的配套和合作关系,虽然没有形成完整的产业集群,但是已经具备形成产业集群的基础和条件。

第三种情况是类似陕西省的区域,区域内企业之间分工合作关系较为明显,具备形成和发展产业集群的良好基础,产业集群发展初具规模。

以陕西省宝鸡市装备制造业企业为例,课题组成员于 2009 年 12 月 9 日到达陕西省宝鸡市,调研对象选择秦川机床集团有限公司、陕西宝光真空电器股份有限公司、宝鸡机床集团有限公司、宝石集团公司。12 月 10—12 日分别对上述企业进行调研,主要方式依然是与公司高层和中层管理者进行访谈,发放调查问卷,公司的实地观察及索要公司相关资料;12 月 13 日—14 日进行资料的整理。

这里我们选择以秦川机床集团有限公司为例分析陕西省产业集群发展情况。秦川机床集团有限公司(原名秦川机床厂),

1965 年从上海内迁至陕西宝鸡,是我国精密机床制造行业的龙头企业。公司现有员工 3 472 人(含控股子公司),其中硕士以上学历 60 余人,各类专业技术人员 1 115 人,国家级专家 8 人。该公司是国家级高新技术企业,拥有国家级企业技术中心和博士后科研工作站,具有动态条件下的"三精"(精密加工、精密装配、精密检测)优势。到 2005 年底,该公司负责或参与制定的国家、行业技术标准 57 项,拥有各种专利 43 项。四十年来,该集团公司先后开发 200 多项国内领先和国际先进水平的新产品,50 多项获国家、部和省级科技进步奖。

在对秦川机床集团有限公司实地调研中发现,该公司的公司规模、企业构成、技术水平、技术创新能力、产品构成、市场占有率、行业地位等综合因素都处于国内领先状态,集团公司内部企业之间是建立在分工合作的关系之上的,产业链条长,子公司之间有着很强的互补关系,集团技术创新能力国内领先,技术水平高,集团配套能力强。秦川机床集团有限公司已经形成了精密数控机床、塑料机械与环保新材料、液压与汽车零部件、精密特种齿轮传动、精密机床铸件、中高档专用机床数控系统及数控机床维修服务等六大主体产业群,产业集群的发展初具规模。

通过调研分析,西部地区产业集群发展自东向西存在逐渐弱化的现象,从陕西省的产业集群发展初具规模到甘肃省的具备产业集群发展的基础再到青海省的不具备产业集群的基础,逐渐弱化。总体上,西部各区域内的企业之间专业化分工程度不高、地域文化认同感较差、企业协同关系不强;企业上、下游产业与相关产业相互的关联互补性差、缺乏竞争合作机制和技术创新动力,暂时不完全具备发展成熟产业集群所需条件;西部地区并没有发展形成理论意义上的产业集群,根据产业集群成长演变规律分析,西部地区的产业集群还处于起步形成阶段。

(二)西部地区技术创新情况

目前,我国基本形成东部沿海(10 个省),西部(12 个省),中部(6个省)和东北(3省)四大各有侧重的经济发展区域。改革开放以来,竞争性的市场环境的形成和知识经济的冲击,为沿海地区企业依靠技术进步进行集约化发展提供了激励和压力,企业内在技术创新机制得以逐步建立和强化,使经济发展逐渐摆脱粗放型的外延发展模式,进入了工业化进程的较高发展阶段。相比而言,西部地区技术创新能力与其他地区技术创新能力相比明显落后(见表5-6)。

表5-6　中国各省市创新能力指数对比(2007)

区域	省市	总指数	创新资源	创新投入	创新转化	创新产出
东部地区	北京	98.0	107.0	73.0	150.0	67.0
	上海	81.0	49.0	82.0	123.0	68.0
	天津	65.0	34.0	78.0	45.0	96.0
	浙江	38.0	17.0	41.0	59.0	31.0
	江苏	37.0	17.0	40.0	30.0	56.0
	广东	36.0	12.0	21.0	43.0	62.0
	山东	20.0	8.0	23.0	17.0	29.0
	福建	20.0	8.0	15.0	15.0	40.0
	河北	9.0	4.0	18.0	5.0	9.0
	海南	5.0	1.0	−1.0	2.0	17.0
	东部地区均值	40.9	25.7	39.0	48.9	47.5
东北地区	辽宁	25.0	15.0	41.0	18.0	23.0
	吉林	20.0	12.0	18.0	7.0	40.0
	黑龙江	11.0	10.0	14.0	8.0	13.0
	东北地区均值	18.7	12.3	24.3	11.0	25.3

续表

区域	省市	总指数	创新资源	创新投入	创新转化	创新产出
中部地区	湖北	21.0	11.0	29.0	9.0	32.0
	山西	14.0	9.0	29.0	3.0	12.0
	江西	11.0	3.0	14.0	3.0	23.0
	安徽	13.0	4.0	25.0	4.0	18.0
	湖南	11.0	6.0	13.0	6.0	17.0
	河南	9.0	3.0	13.0	5.0	13.0
	中部地区均值	13.2	6.0	20.5	5.0	19.2
西部地区	重庆	23.0	10.0	18.0	14.0	47.0
	陕西	20.0	15.0	27.0	7.0	28.0
	四川	18.0	7.0	20.0	8.0	33.0
	宁夏	12.0	4.0	34.0	3.0	8.0
	贵州	9.0	1.0	8.0	2.0	23.0
	甘肃	9.0	6.0	14.0	3.0	13.0
	广西	8.0	2.0	7.0	2.0	18.0
	内蒙古	7.0	3.0	14.0	4.0	8.0
	云南	6.0	1.0	6.0	3.0	11.0
	青海	5.0	3.0	5.0	3.0	9.0
	新疆	4.0	3.0	9.0	5.0	1.0
	西部地区均值	11.0	5.0	14.7	4.9	18.1

数据来源:根据中国区域发展监测与评价中心公布数据整理

可以看出,东部地区创新总指数遥遥领先,东部 10 个省市创新总指数平均为 40.9。东北、中部地区创新指数处于中游,东北3 个省份的创新总指数均值为 18.7,中部 6 个省份创新总指数均值为 13.2。西部地区创新指数最低,11 个省市(无西藏数据)创新总指数平均值仅为 11.0。更具体来看,西部地区平均创新资源指数为 5.0,平均创新投入指数为 14.7,平均创新转化指数为 4.9,平均创新产出指数为 18.1,也都全部低于东部地区、东北地区和中部地区(如图 5-7)。

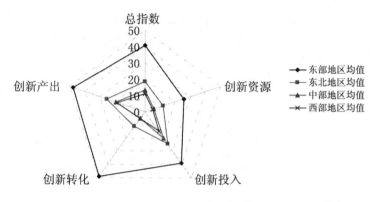

图 5-7　四大区域创新能力指数图

数据来源:根据中国区域发展监测与评价中心公布数据整理

　　根据具体的统计数据分析看,西部地区企业技术创新能力现状主要表现在以下几方面。

　　第一,技术创新资金投入不足。在技术创新活动中,R&D 活动处于最基本的核心位置,R&D 经费是衡量科技资金投入的主要指标。根据 2003—2008 年全国各省份 R&D 占 GDP 的比重看,西部地区 R&D 占 GDP 的比重都低于其他地区,并且上升缓慢(如图 5-8),其平均值仅为 0.76。2008 年,西部地区各省份 2008 年 R&D 占 GDP 的比重平均值仅 0.78,而我国东部地区各省份 R&D 占 GDP 的比重平均值为 1.85,东北地区各省份 R&D 占 GDP 的比重平均值为 1.09,中部地区各省份 R&D 占 GDP 的比重平均值为 0.99(见表 5-7)。由此可见,西部地区技术创新资金投入严重不足。

表 5-7　2003—2008 年各省市 R&D 经费占 GDP 的比重(%)

区域	年份 省市	2003	2004	2005	2006	2007	2008
东部地区	北京	5.10	5.24	5.55	5.50	5.40	5.25
	天津	1.57	1.73	1.96	2.18	2.27	2.45
	河北	0.55	0.52	0.58	0.66	0.66	0.67
	上海	1.93	2.21	2.28	2.50	2.52	2.59

区域 \ 省市 \ 年份	2003	2004	2005	2006	2007	2008
东部地区 江苏	1.21	1.43	1.47	1.60	1.67	1.92
浙江	0.78	0.99	1.22	1.42	1.50	1.60
山东	0.86	0.95	1.05	1.06	1.20	1.40
福建	0.75	0.80	0.82	0.89	0.89	0.94
广东	1.14	1.12	1.09	1.19	1.30	1.41
海南	0.17	0.26	0.18	0.20	0.21	0.23
东部地区均值	1.41	1.53	1.62	1.72	1.76	1.85
东北地区 辽宁	1.38	1.60	1.56	1.47	1.50	1.41
吉林	1.04	1.14	1.09	0.96	0.96	0.82
黑龙江	0.81	0.74	0.89	0.92	0.93	1.04
东北地区均值	1.08	1.16	1.18	1.12	1.13	1.09
中部地区 山西	0.55	0.65	0.63	0.76	0.86	0.90
河南	0.50	0.50	0.52	0.64	0.67	0.66
湖北	1.15	1.01	1.15	1.25	1.21	1.31
湖南	0.65	0.66	0.68	0.71	0.80	1.01
安徽	0.83	0.80	0.85	0.97	0.97	1.11
江西	0.60	0.62	0.70	0.81	0.89	0.97
中部地区均值	0.71	0.71	0.76	0.86	0.90	0.99
西部地区 内蒙古	0.27	0.26	0.30	0.34	0.40	0.44
广西	0.40	0.35	0.36	0.38	0.37	0.46
重庆	0.77	0.89	1.04	1.06	1.14	1.18
四川	1.49	1.22	1.31	1.25	1.32	1.28
贵州	0.55	0.52	0.56	0.64	0.50	0.57
云南	0.43	0.41	0.61	0.52	0.55	0.54
西藏	0.16	0.16	0.14	0.17	0.20	0.31
陕西	2.63	2.63	2.52	2.24	2.23	2.09
甘肃	0.91	0.85	1.01	1.05	0.95	1.00

续表

区域	省市＼年份	2003	2004	2005	2006	2007	2008
西部地区	青海	0.62	0.65	0.54	0.52	0.49	0.41
	宁夏	0.53	0.57	0.52	0.70	0.84	0.69
	新疆	0.20	0.27	0.25	0.28	0.28	0.38
	西部地区均值	0.75	0.73	0.76	0.76	0.77	0.78

数据来源：根据中国科技统计公报公布数据整理

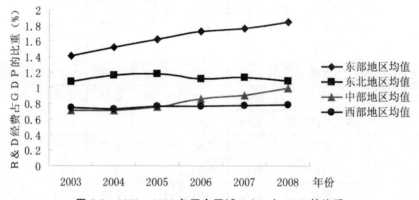

图 5-8　2003—2008 年四个区域 R&D 占 GDP 的比重

数据来源：根据中国科技统计公报公布数据整理

第二，技术创新人员缺乏。技术创新人员匮乏是制约西部企业提高技术创新能力的主要障碍。首先，西部地区 R&D 人员人数同期相比均低于其他地区，尤其是与东部沿海地区的差距较大。尽管西部地区个别省份（如陕西、四川）的 R&D 人员略高于全国平均水平，但从整体上看，西部地区 R&D 人员还是非常缺乏。2008 年，东部地区各省份平均 R&D 人员达到了 11.94 万人，而西部地区各省份平均 R&D 人员才仅仅为 2.47 万人（见表 5-8），不到东部沿海地区各省份平均 R&D 人员数量的 1/4。其次，从 2003—2008 年历年 R&D 人员数量走势上看，西部地区与其他地区的差距也越来越大。东部地区 R&D 人员数量上升趋势明显，东北地区和中部地区 R&D 人员也稳中有升，而西部地区 R&D 人员数量则上升趋势缓慢（如图 5-9）。

表 5-8　2003—2008 年各省市 R&D 人员数量(单位:万人年)

区域	省市 \ 年份	2003	2004	2005	2006	2007	2008
东部地区	北京	10.99	15.15	17.10	16.84	18.76	18.96
	天津	2.88	2.96	3.34	3.72	4.49	4.83
	河北	3.44	3.48	4.17	4.37	4.53	4.62
	上海	5.62	5.91	6.70	8.02	9.01	9.51
	江苏	9.81	10.33	12.80	13.89	16.05	19.53
	浙江	4.66	6.31	8.01	10.28	12.94	15.96
	山东	7.83	7.23	9.11	9.66	11.65	16.04
	福建	2.66	3.18	3.57	4.02	4.76	5.93
	广东	9.38	9.31	11.94	14.72	19.95	23.87
	海南	0.10	0.14	0.12	0.12	0.13	0.17
	东部地区均值	5.74	6.40	7.69	8.56	10.23	11.94
东北地区	辽宁	5.60	6.00	6.61	6.90	7.72	7.67
	吉林	1.95	2.22	2.56	2.85	3.25	3.17
	黑龙江	3.46	3.92	4.42	4.51	4.82	5.07
	东北地区均值	3.67	4.05	4.53	4.75	5.26	5.30
中部地区	山西	1.85	1.85	2.74	3.88	3.69	4.40
	河南	4.07	4.21	5.12	5.97	6.49	7.15
	湖北	5.19	5.03	6.12	6.21	6.74	7.28
	湖南	2.70	3.13	3.80	3.98	4.49	5.03
	安徽	2.51	2.41	2.84	2.99	3.62	4.95
	江西	1.70	1.92	2.20	2.58	2.71	2.82
	中部地区均值	3.00	3.09	3.80	4.27	4.62	5.27

续表

区域	年份 省市	2003	2004	2005	2006	2007	2008
西部地区	内蒙古	0.87	1.14	1.35	1.48	1.54	1.83
	广西	1.32	1.48	1.79	1.89	2.01	2.32
	重庆	1.77	2.07	2.46	2.68	3.16	3.44
	四川	5.79	6.01	6.64	6.86	7.88	8.67
	贵州	0.86	0.78	0.98	1.07	1.14	1.15
	云南	1.29	1.47	1.48	1.60	1.78	1.98
	西藏	0.06	0.04	0.06	0.10	0.07	0.06
	陕西	5.42	4.90	5.37	5.95	6.51	6.48
	甘肃	1.69	1.44	1.68	1.67	1.88	2.01
	青海	0.23	0.26	0.26	0.26	0.29	0.25
	宁夏	0.27	0.35	0.40	0.44	0.56	0.52
	新疆	0.53	0.61	0.70	0.74	0.89	0.88
	西部地区均值	1.68	1.71	1.93	2.06	2.31	2.47

数据来源:根据中国科技统计公报公布数据整理

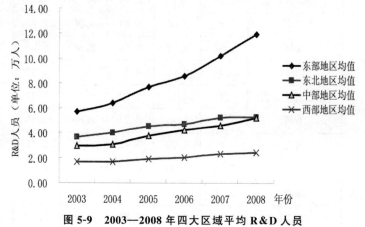

图 5-9　2003—2008 年四大区域平均 R&D 人员

数据来源:根据中国科技统计公报公布数据整理

　　第三,科技成果转化率低。西部地区由于政治、经济、文化等方面的特殊原因,科研院所、大专院校和大中型企业在人才、智力交流与合作开发科技成果方面渠道不畅,科学技术研究同科学技术成果的商品化、产业化严重脱节,科技成果向生产力的转化就更加困难。据统计,西部地区专利申请授权量明显低于东部沿海地区(如图 5-10)。在专利申请授权量上,东部沿海地区一枝独秀,2008 年东部沿海地区各省份平均专利申请授权量达到 24 889 项,而东北地区、中部地区和西部地区则差距甚远,尤其是西部地区各省份平均专利申请授权量最低,2008 年仅有 2 779 项(见表 5-9)。

表 5-9　2003—2008 年各省市专利申请授权量(单位:项)

区域 / 年份 / 省市	2003	2004	2005	2006	2007	2008
北京	8 247	9 005	10 100	11 238	14 954	17 747
天津	2 505	2 578	3 045	4 159	5 584	6 790
河北	3 572	3 407	3 585	4 131	5 358	5 496
上海	16 671	10 625	12 603	16 602	24 481	24 468
江苏	9 840	11 330	13 580	19 352	31 770	44 438
东部地区　浙江	14 402	15 249	19 056	30 968	42 069	52 953
山东	9 067	9 733	10 743	15 937	22 821	26 688
福建	5 377	4 758	5 147	6 412	7 761	7 937
广东	29 235	31 446	36 894	43 516	56 451	62 031
海南	296	278	200	248	296	341
东部地区均值	9 921	9 841	11 495	15 256	21 155	24 889
辽宁	5 656	5 749	6 195	7 399	9 615	10 665
东北地区　吉林	1 690	2 145	2 023	2 319	2 855	2 984
黑龙江	2 794	2 809	2 906	3 622	4 303	4 574
东北地区均值	3 380	3 568	3 708	4 447	5 591	6 074

续表

区域	省市 \ 年份	2003	2004	2005	2006	2007	2008
中部地区	山西	1 175	1 189	1 220	1 421	1 992	2 279
	河南	2 961	3 318	3 748	5 242	6 998	9 133
	湖北	2 871	3 280	3 860	4 734	6 616	8 374
	湖南	3 175	3 281	3 659	5 608	5 687	6 133
	安徽	1 610	1 607	1 939	2 235	3 413	4 346
	江西	1 238	1 169	1 361	1 536	2 069	2 295
	中部地区均值	2 172	2 307	2 631	3 463	4 463	5 427
西部地区	内蒙古	817	831	845	978	1 313	1 328
	广西	1 331	1 272	1 225	1 442	1 907	2 228
	重庆	2 883	3 601	3 591	4 590	4 994	4 820
	四川	4 051	4 430	4 606	7 138	9 935	13 369
	贵州	723	737	925	1 337	1 727	1 728
	云南	1 213	1 264	1 381	1 637	2 139	2 021
	西藏	16	23	44	81	68	93
	陕西	1 609	2 007	1 894	2 473	3 451	4 392
	甘肃	474	514	547	832	1 025	1 047
	青海	90	70	79	97	222	228
	宁夏	338	293	214	290	296	606
	新疆	752	792	921	1 187	1 534	1 493
	西部地区均值	1 191	1 320	1 356	1 840	2 384	2 779

数据来源:根据中国科技统计公报公布数据整理

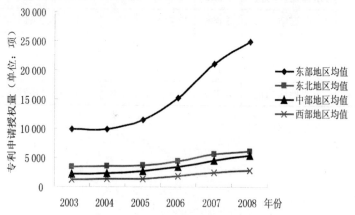

图 5-10 2003—2008 年四大区域平均专利申请授权量

数据来源:根据中国科技统计公报公布数据整理

　　另外,在技术市场合同成交额方面,西部地区也同样在四大区域中表现最差(如图 5-11)。2008 年,西部地区各省份技术市场合同成交额仅为 19.50 亿元,而同期东部沿海地区各省份技术市场合同成交额则达到了 195.87 亿元,是西部地区的十倍(见表 5-10)。在专利申请授权量和技术市场合同成交额两个方面,东部沿海地区都具有强大优势,而西部地区与之相比则差距甚远,并呈逐年扩大的趋势。由此可见,我国西部地区科学技术成果转化率亟待提高,企业的技术转化能力亟待增强。

表 5-10　2003—2008 年各省市技术市场合同成交额(单位:亿元)

区域	年份 省市	2003	2004	2005	2006	2007	2008
东部地区	北京	265.36	425.00	489.59	697.33	882.56	1027.22
	天津	42.00	45.03	51.71	58.86	72.34	86.61
	河北	6.80	7.27	10.38	15.61	16.43	16.59
	上海	142.78	171.70	231.73	309.51	354.89	386.17
	江苏	76.52	89.79	100.83	68.83	78.42	94.02
	浙江	53.04	58.15	38.70	39.96	45.35	58.92
	山东	52.57	75.09	98.36	23.20	45.03	66.01
	福建	16.68	14.14	17.20	11.32	14.56	17.97
	广东	80.57	57.27	112.47	107.03	132.84	201.63
	海南	1.20	0.19	1.00	0.85	0.73	3.56
	东部地区均值	73.73	94.30	115.30	177.25	164.32	195.87
东北地区	辽宁	62.02	75.28	86.52	80.65	92.93	99.73
	吉林	8.73	10.79	12.23	15.37	17.48	19.61
	黑龙江	12.12	12.57	14.26	15.69	35.02	41.26
	东北地区均值	27.62	32.88	37.67	37.24	48.48	53.53

续表

区域	年份 省市	2003	2004	2005	2006	2007	2008
中部地区	山西	3.23	6.00	4.80	5.92	8.27	12.84
	河南	19.27	20.32	26.37	23.73	26.19	25.44
	湖北	41.25	46.17	50.18	44.44	52.21	62.89
	湖南	36.93	40.83	41.74	45.53	46.08	47.70
	安徽	8.80	9.07	14.26	18.49	26.45	32.49
	江西	8.33	9.37	11.12	9.31	9.95	7.76
	中部地区均值	19.64	21.96	24.75	24.57	28.19	31.52
西部地区	内蒙古	10.85	10.41	10.99	10.71	10.98	9.44
	广西	4.18	9.10	9.41	0.94	1.00	2.70
	重庆	55.51	59.62	35.71	55.35	39.57	62.19
	四川	12.87	16.56	19.08	25.93	30.39	43.53
	贵州	1.79	1.35	1.05	0.54	0.66	2.04
	云南	22.87	21.56		8.27	9.75	5.05
	陕西	16.80	13.91	18.90	17.95	30.17	43.83
	甘肃	7.76	11.96	17.72	21.45	26.21	29.76
	青海	0.83	1.28	1.18	2.47	5.30	7.70
	宁夏	1.00	1.28	1.41	0.53	0.66	0.89
	新疆	12.04	13.34	8.00	7.61	7.17	7.40
	西部地区均值	13.32	14.58	12.35	13.80	14.71	19.50

数据来源:根据中国科技统计公报公布数据整理

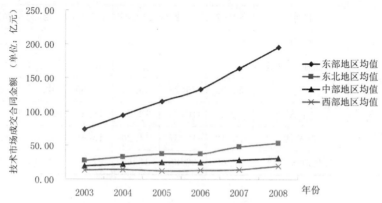

图 5-11   2003—2008 年四大区域平均技术市场成交合同金额

数据来源:根据中国科技统计公报公布数据整理

四、西部地区企业技术创新调查分析

经过对调查问卷的统计分析,对访谈记录的整理以及查阅和整理国家公布的相关资料,分析发现西部地区产业集群发展和西部企业技术创新的现状与存在问题。下面针对西部地区产业集群发展和企业技术创新选择行为用本文前面的理论分析进行解释,同时验证本文理论分析的真实性与可能性。

(一)西部地区产业集群发展滞后的原因

通过调查问卷分析结果和资料整理显示,现实中西部地区产业集群发展滞后的主要原因有:产业专业化程度低、产业链条短、企业盈利能力差;技术创新机制不健全、不能实现技术转化;缺乏核心技术和自主知识产权。其中企业技术创新因素是制约西部地区产业集群发展的最主要的原因。

(1)西部地区产业专业化程度低、产业链条短、企业盈利能力差是制约着西部地区产业集群发展的原因之一。西部地区现有产业主要以能源生产和加工制造为主,没有形成自己的技术创新、生产、销售、服务等较长产业链条,产业集聚效应差;生产加工的产品劳动附加值低,企业经济效益不高,这些问题直接影响着产业集群的产生、发展和升级。

以西部地区装备制造业为例,首先,西部地区装备制造业整体综合经济效益差。西部地区装备制造业虽然历史悠久,对地方经济贡献显著,但是由于种种原因,西部装备制造业的综合经济效益远远落后于其他地区,如表 5-11 所示。

表 5-11　2004 年各地区装备制造业主要经济指标在全国所占比重(%)

地区	工业增加值	资产合计	主营业收入	利润总额	出口交货值	就业人数
长江三角洲	33.86	34.40	36.40	40.32	40.86	31.51
珠江三角洲	21.30	16.74	22.60	20.24	38.59	22.39

续表

地区	工业增加值	资产合计	主营业收入	利润总额	出口交货值	就业人数
东北地区	7.02	9.70	6.10	4.54	2.45	6.87
西部地区	6.42	8.89	5.64	3.01	1.20	9.20

资料来源:根据国家统计局 2004 年《中国经济普查年鉴》整理

长江三角洲地区包括上海、浙江、江苏。珠江三角洲指广东。东北地区包括黑龙江、吉林、辽宁。西部地区包括四川、重庆、陕西、广西、贵州、云南、甘肃。

其次,西部地区装备制造业产业链条比较短。以中国西电集团为例,中国西电集团公司成立于 1959 年 7 月,是以我国"一五"计划期间 156 项重点建设工程中的 5 个项目为基础发展形成的以科研院所和骨干企业群为核心,集科研、开发、制造、贸易、金融为一体的大型企业集团。西电集团作为我国输配电装备制造业中的排头兵,承担着促进我国输配电装备技术进步和为国家重点工程项目提供关键设备的重任。就成套能力较强的西电集团公司而言,也无法与发达国家的电气机械公司相比,发达国家电气机械公司是既可生产强电产品,又可生产弱电产品;既可生产发电设备,又可生产输变电设备和控制系统,均可完成从发电到输变电成套上程设计、成套制造和供应以及工程总承包。

由此可见,行业结构不合理,产业专业化程度低,产业链较短,企业盈利能力差是制约西部地区产业集群发展的瓶颈之一。

(2)技术创新机制不健全、不能实现技术转化是制约西部地区产业集群发展的原因之二。西部地区高技术产业化率较低,即使存在高新技术但是缺乏有效地聚集机制,高科技产业的标杆作用不能实现,技术孵化器的功能不强是制约西部地区产业集群发展的主要原因。

西部地区由于政治、经济、文化等方面的特殊原因,西部地区科研院所、大专院校和大中型企业在人才、智力交流与合作开发科技成果方面渠道不畅,科学技术研究同科学技术成果的商品化、产业化严重脱节,科技成果向生产力的转化就更加困难。据统计,西部地区专利申请授权量明显低于东部沿海地区。在专利申请授权量上,东部沿海地区一枝独秀,2008 年东部沿海地区各省份平均专利申请授权量达到 24 889 项,而东北地区、中部地区和西部地区则差距甚远,尤其是西部地区各省份平均专利申请授权量最低,2008 年仅有 2 779 项。

在技术市场合同成交额方面,西部地区也同样在四大区域中表现最差。2008 年,西部地区各省份技术市场合同成交额仅为 19.50 亿元,而同期东部沿海地区各省份技术市场合同成交额则达到了 195.87 亿元,是西部地区的 10 倍。在专利申请授权量和技术市场合同成交额两个方面,东部沿海地区都具有强大优势,而西部地区与之相比则差距甚远,并呈逐年扩大的趋势。

因此,西部地区企业技术创新机制不健全、不能实现技术转化、高科技产业的标杆作用不能实现是制约西部地区产业集群发展的原因之一。

(3)西部地区企业缺乏核心技术和自主知识产权是制约着产业集群发展的原因之三。以西部地区装备制造业为例,西部地区装备制造业虽然具有较强的技术创新能力,但是各类产品普遍缺乏核心制造技术和自主知识产权。西部地区企业技术创新资金投入不足,据 2003—2008 年全国各省份 R&D 占 GDP 的比重看,西部地区 R&D 占 GDP 的比重都低于其他地区,并且上升缓慢。另外,西部地区企业技术创新人员匮乏是制约西部企业提高技术创新能力的主要障碍。技术创新投入严重不足,导致西部地区装备制造业缺乏核心技术和自主知识产权,从而制约着产业集群发展。

总之,从调查问卷分析结果显示,产业专业化程度低、产业链条短、企业盈利能力差;特别是西部地区企业创新机制不健全、不能实现技术转化,企业缺乏核心技术和自主知识产权等因素是制约西部地区产业集群发展的主要原因。

(二)西部产业集群发展状况对西部企业技术创新行为的影响

(1)论文从理论上探讨了产业集群中企业技术创新的动力,

分析了影响集群企业技术创新的因素,通过博弈模型分析产业集群发展不同阶段集群企业技术创新选择策略:在产业集群萌芽阶段,集群企业虽在某一特定区域集聚但本质上并非形成真正的产业集群,集群的内部界面和外部界面都不完善、没有形成内部企业间有效地交流平台和可信的威胁惩罚机制,致使相关企业间进行有限次合作博弈,虽然都知道(合作、合作)为帕累托最优策略,但为了防止竞争对手的不合作行为的发生,每个参与企业都会选择自己的占优策略,即不合作策略,则(不合作、不合作)就构成了该阶段下相关企业间有限次合作博弈的唯一纳什均衡解。因此,此阶段产业集群内相关企业间结成的技术创新合作关系呈现出不稳定的状态。

(2)西部地区产业集群的发展处于萌芽阶段,甚至是处于萌芽前期,在这一阶段,虽然企业在一定的区域集中,但是并没有形成信任合作关系,企业之间的分工、信息知识共享等机制不完善,如上述理论分析的那样,每家企业都知道企业技术创新合作是帕累托最优策略,能够实现企业双方甚至是多方的共赢。但是,此时并不是稳定成熟的产业集群阶段,集群内的知识信息交流通道不畅通、企业互信机制不成熟、惩罚机制不健全等因素直接影响每家企业采取不合作技术创新策略、技术创新成果保密策略等,不能实现知识信息的共享和企业之间的共赢。在不合作的技术创新选择策略下,加上西部地区整体技术创新能力明显低于东部和中部地区,以及西部地区技术创新资金投入不足,技术创新人员缺乏,科技成果转化率低,技术创新服务体系尚未形成等现实因素,更加制约了西部企业技术创新投入、吸收和转化等。

所以,产业集群的发展状态和阶段直接影响企业的技术创新选择,在一个产业集群发展不成熟的区域,由于产业集群内部各项机制不健全,企业将采取不合作技术创新策略,由于知识溢出的负的外部性,企业甚至选择不进行技术创新。这将形成一个恶性循环,进一步影响区域产业集群的形成和企业技术创新选择。

(3)分析指出:共用的集群知识库、知识交流惯例、集群知识互动、知识共享、技术人员流动等因素是产业集群的内在联结因素;企业的技术创新、技术知识、知识溢出等直接影响着产业集群的区位选择和发展形态及集群升级;在产业集群产生和发展过程中,知识共享、知识溢出、企业学习等是产业集群发展的核心要素。知识技术溢出对集群企业衍生发展的影响,特别是知识溢出对产业集群中企业知识存量的影响,企业的知识存量、自身知识库是企业技术创新的根本基础,决定着企业技术创新的可能性。

从上述已经阐述的理论分析看,企业技术创新、知识溢出与产业集群发展成正相关关系,一个区域企业技术创新行为越活跃,知识溢出越明显,更能促进区域产业集群的形成和发展。

通过对调查问卷的分析和对东西部技术创新资料的对比分析,西部地区企业的技术创新现状是:西部地区整体技术创新能力明显低于东部和中部地区,西部地区技术创新资金投入不足,技术创新人员缺乏,科技成果转化率低,技术创新服务体系尚未形成等。由于西部整体技术创新实力较弱,企业技术创新动力和投入不足,很难产生大量新知识、新技术,企业外部流动的知识总量有限,不能形成知识溢出正的外部性;新的技术知识缺乏,不能衍生更多的中小企业,不能围绕新技术知识形成一系列分工合作的产业链条,从这个角度上分析,技术创新滞后、知识共享、知识利用、知识溢出效应等不能出现制约着新企业的产生和产业集群的发展成熟。

总之,通过对西部产业集群发展现状与西部企业技术创新现状的综合分析,企业技术创新行为、知识溢出、产业集群发展三者之间是相互制约的关系,同时也是相互促进的关系。在经过系统的理论分析和实际调研结果分析之后,可以得出以下总结性的结论:一是企业技术创新选择影响着新知识、新技术的产生,技术创新结果影响着知识溢出效应的作用范围,进一步作用于区域产业集群的形成和发展;二是由于产业集群发展的阶段不同对企业技术创新行为起反作用,在产业集群萌芽期,企业的技术创新活动较弱,不能建立企业之间的技术创新合作关系;三是知识共享、知识溢出在产业集群发展和企业技术创新选择之间起着桥梁作用，是二者的中间环节。需要鼓励企业进行积极的技术创新投入，对技术创新成果进行法律上和制度上的保障；完善产业集群发展过程中所需的制度与健全相应集群机制，形成产业集群内良性的知识溢出效应。

由于现阶段大多数企业技术创新合作仅限于某个或某些特定的技术合作，并未到达合作的实质性阶段，合作成员仅会让部分拥有企业较少核心知识的技术创新人员参与合作知识创新，从而使合作的范围和效率非常有限。不同企业的技术创新人员刚开始合作时，由于组织文化、核心价值观等的冲突使他们之间存在一定的排斥力，此时，技术创新合作的知识差距较大。随着合作技术创新人员的相互交流和融合，他们通过相互学习减小知识的差距，并逐步提高技术创新合作的知识创新能力。在技术创新合作中，知识并不总是从高位势企业转移到低位势企业，由于企业之间的知识差异，即使知识存量较小的企业也会存在某些知识优势，因此，合作成员需要相互学习进行知识创新，从而增加知识存量。技术创新合作知识创新成果由合作成员共享，通常会显著增加各企业的知识存量，但是，由于不同企业的知识吸收能力存在差异，初始知识存量不同，因此，合作成员之间的知识位势差总是存在，从而推动技术创新合作不断地维持下去。参与合作的巨大收益是企业进行合作的动机，而适度的知识势差可以保持合作的稳定性。

以上结论对提高企业自身和合作的知识存量以及改善企业知识合作的关系具有重要启示。首先，合作成员共享知识量的多少对技术创新合作的知识创新有较大的影响，由于合作成员会对自身的核心知识产权严加保护，使知识的共享非常有限，就会严重制约合作知识创新能力的提高。加强合作成员之间的信任，提高共享知识量，可以提高合作的知识生产量。其次，合作技术创新人员自身的知识创新能力及吸收能力对合作知识存量的增加有较大影响，提高合作技术创新人员的知识水平有利于合作知识存量的增加。再次,合作成员的知识差距会影响合作的知识生产量,较大的知识差距可能会消除低位势企业向高位势企业学习的动力,合作应鼓励其成员相互学习,减小知识差距及其对知识生产量产生的不利影响。最后,合作初始知识存量决定了某一时期合作知识创新所能达到的水平。在薄弱的知识存量基础上,很难形成强大的知识创新能力,雄厚的知识存量是知识创新的充分条件,并随合作成员的学习不断增加。因此,技术创新合作应加强彼此之间的合作,加快增加合作及企业自身的知识存量,提高合作的知识位势和知识创新能力,获得更大范围和更高层次的成功。

在通过上述分析探讨之后,会有人提出在西部地区有一个很有意义的现象,就是如陕西省、四川省和重庆市,特别是陕西省是中国高校和科研院所较为集中的省份,是全国重要的教育科研中心,每年都有大量的研究成果,但是并没能很好地促进陕西省的产业集群发展成熟。这一现象似乎和本文的理论分析不符,其实这个将涉及企业对技术创新知识技术的吸收、转化和利用问题,涉及科研与生产的结合等问题。

第六章　溢出、集聚与区域技术创新生态环境

本章结构安排如下：首先，分析集群企业的知识学习和知识转移，讨论企业知识吸收能力；其次，分析集群企业对技术创新成果吸收能力的影响因素，主要是从企业外部知识流动和企业内部知识储备两个角度去分析；再次，从识别和利用外部流动知识和改善企业知识吸收环境两个方面探论集群企业知识吸收能力的提高；最后，分析技术创新生态理论、创新模式的演变历程与创新生态系统的分析方法。

第一节　企业对溢出知识的吸收利用

在全球化竞争的知识经济时代，企业开发并保持自己可持续竞争优势的能力取决于企业满足其服务对象及其客观环境需求的能力，取决于企业吸收转化知识的能力；组织学习能力的缺乏，将导致企业吸收利用科技知识的低效率，企业可能丧失竞争力优势。企业创造与保持自己独特竞争力优势的过程是一个吸收知识、组织学习的过程，在企业学习过程中企业知识吸收能力十分重要，如果企业知识吸收能力较弱，将严重削弱企业实现可持续竞争优势的可能性。一旦企业在学习吸收科技知识方面速度相对较慢，那么将降低企业技术创新学习的投资回报率。

一、集群内部知识的扩散模式

集群企业通过学习活动学到了新的知识和技能，使企业自身的思维模式或行为模式发生了改变。集群企业知识学习的主要目的是从企业外部及内部部门之间获取新知识并在本企业实际生产

活动中应用这种知识。新知识的获取和应用也是以知识的有效转移和转化为前提条件的。一方面,集群企业知识学习是有效的知识转移的结果之一;另一方面,集群企业现有的知识存量,又会对以后企业的知识转移产生影响。集群企业的知识学习活动和有效的知识转移将进一步促进和作用于集群企业知识转移能力和吸收能力。

集群企业知识学习是从认知的角度,研究集群企业对内外部知识进行识别、评价、消化和吸收,并内化为自己的知识体系的一部分的过程。集群企业知识学习理论认为企业与个人一样,具备认知和知识学习的能力,可以通过不断地对集群企业内外知识的获取、吸收和应用,改变集群企业的行为模式和心智模式,从而提高集群企业价值创造能力。集群企业知识学习的过程包括以下几个阶段:知识识别、知识转移、知识整合、知识创新和知识应用等,通过知识学习,企业现有知识存量增加。集群企业的知识学习过程,就是产业集群内部各个知识子系统之间的知识共享过程。产业集群知识子系统之间的关系如图 6-1 所示。

集群企业知识转移的过程十分复杂,是一个集群知识从一种企业环境到另外一种企业环境的嵌入,涉及集群企业文化、企业知识共享态度、知识接收方的知识基础、企业知识的吸收能力以及知识内化等环节。目前研究知识转移过程的

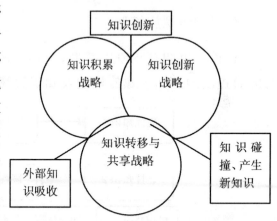

图 6-1 产业集群知识子系统之间的关系

模型主要有两种:一是知识沟通模型(the communication model),二是知识螺旋模型(the knowledge spiral model)。

(一)知识沟通模型

该模型描述了知识从发送者向知识接收者的流动过程,并将

知识沟通过程分为知识编码和知识解码两个关键阶段。知识沟通模型如图 6-2 所示。

开始阶段是企业发现自身知识需求、寻找满足该需求的知识,对知识转移进行可行性论证;实施阶段是企业建立与知识转移相关的联系,知识转移双方开始知识转移;加速阶段是指企业开始知识转移时需要克服可能影响知识转移进程的障碍因素,以实现知

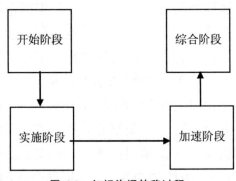

图 6-2　知识沟通转移过程

识的有效转移;综合阶段知识转移双方,特别是知识接收方将转移过来的知识逐步内化,成为集群企业自身的知识基础。Dinur 和 Inkpen(1996)对知识沟通模型进行了扩展,将知识转移过程分为四个阶段:开始阶段、适应阶段、转化阶段与实施阶段。

(二)知识螺旋模型

该模型也叫作 SECI 模型,是由 Nonaka 和 Takeuchi(1994,1995)提出的。知识螺旋模型及知识转移状态如图 6-3 所示。

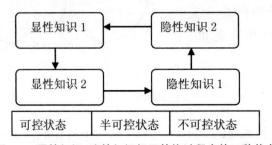

图 6-3　显性知识、隐性知识相互转换过程中的三种状态

知识螺旋模型反映了隐性知识和显性知识间相互作用的四种模式,通过这四种知识转化模式,新知识得以创造。知识螺旋模型如图 6-4 所示。

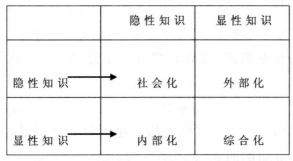

	隐 性 知 识	显 性 知 识
隐 性 知 识	社 会 化	外 部 化
显 性 知 识	内 部 化	综 合 化

图 6-4　野中和竹内的显性知识和隐性知识的转换模型

知识螺旋模型的一个重要假设就是隐性知识是可以被移动和转换的,这就意味着该模型不仅能够解释知识创造,也能够描述知识转移的过程。根据知识螺旋模型,隐性知识可以通过社会化和外部化两个过程进行转移;显性知识的转移则通过综合化和内部化两个过程进行转移。

隐性知识对于企业的创造和维持竞争优势具有十分重要的地位,企业经验技能、企业文化和企业行为模式是企业内隐性知识的具体表现形式,并因其具有隐性特征从而成为企业的核心能力,不易被竞争对手模仿。隐性知识或者未编码知识是无法用语言来表述或解释的,只能被演示证明隐性知识的存在性。隐性知识的转移和学习最好的方法就是通过个人领悟和实践练习(Drucker,1993)。个人对企业目标、企业价值观、企业历史传统和惯例是一种感知判断,很难用语言文字表达和传递清楚,但是可以通过有效的沟通来实现。

隐性知识的编码、传播和共享过程是比较困难的,同时在隐性知识逐渐被编码、传播和共享的过程中,其能够脱离个体经验与感知,成为共用知识。在隐性知识编码的过程中,原先个体独特的判断与感知将随之丧失,隐性知识显性化将失去更多的丰富的内涵。

二、企业吸收知识的影响因素

(一)企业知识吸收能力

吸收能力的概念产生于宏观经济学,是指组织吸收和利用外部知识信息及资源的经济能力。Cohen 和 Levinthal(1990)把这个宏观经济学中的概念应用到研究企业问题上，将企业知识吸收能力定义为企业识别、吸收新型外部信息的价值，并应用于商业目的的能力。这个定义强调知识吸收能力的关键作用，认为企业持续知识学习的累积作用最终产生和形成了企业的知识吸收能力。企业知识吸收能力具体是指企业识别外部知识，并将知识吸收应用于商业目的的能力。

Zahra 和 George(2002)认为企业知识吸收能力的重要组成部分是企业原有相关知识、企业组织制度以及知识交流过程。知识吸收能力是蕴含于具体组织内部的一种拥有不同组成成分的动态性能。Fiol (1996)将组织或企业视为可以吸收不同新知识和新实践的"海绵"，这些企业被用力一挤，就会产生出创新成果。如果海绵积累的先前知识储备不足或者知识交流过程受限，或者甚至企业知识水平到了"任其干透到不能再吸收任何东西"的程度时，"再用力挤就也不能再起作用了"。

影响和决定企业创造和保持竞争优势的主要因素有以下三个方面。

(1)技术因素。科技是一种决定或者强烈抑制个体与组织行为，特别是企业行为的内在驱使力。在新技术使用之初，技术因素可能与企业适应新技术有关系，企业在采取往常的管理理念及方法的时候，可以通过引进新型且复杂的硬件来获取巨大收益，但是，随着新技术成本的降低以及技术生命周期的缩短终结了企业拥有这些硬件的优势。

(2)组织因素。在重视技术选择、技术作用及对技术结果控制的同时，组织对技术活动实施过程中的稳定性和权威性起着关键作用。当所有的企业都能获得同种设备，而且大多数应用程序都能被轻易复制时，企业保持该技术优势并不依赖于该技术的拥有，主要依赖于企业对其有效的利用。企业专有技术越来越难以保护专有权，保持竞争优势的唯一途径似乎只有提高技术管理技巧，当外部环境稳定，并且通过完善的计划，能够得出预期利益，组织的作用才能更好地发挥。

（3）环境因素。知识经济时代，信息技术、网络技术等先进技术的使用，决定着企业处于一种复杂的社会互动关系之中。

随着全球竞争的日益激烈、科技技术的快速变化以及企业管理实践的不断创新，使企业商业环境发生了巨大变化。经济全球化、电脑技术和信息系统等先进科技的开发和发展，正改变着企业生产力的增长方式和企业满足客户要求的方式（Oliner 和 Sichel，2000）。在世界范围的市场上每个企业正面临着前所未有的竞争，这要求他们跳出成本控制和质量控制的藩篱，进而抓住产品创新和快速反应的全球机遇（Harrison，2002）。在这样的背景中，企业的管理者须强调组织学习能力，即企业知识吸收能力，其有助于企业吸收新技术和进行新型生产实践，形成企业独特的知识竞争力与可持续发展能力（Cohen 和 Levinthal，1990）。

在全球化竞争的知识经济时代，组织学习能力的缺乏，将导致企业吸收利用知识的低效率。知识吸收、组织学习等知识流程与企业绩效的关系如图 6-5 所示。

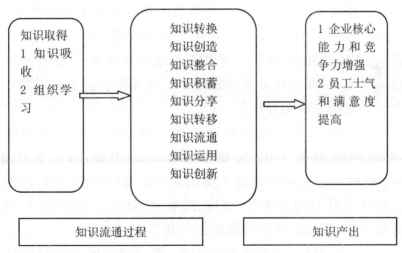

图 6-5　知识流程与企业绩效

在一个知识密集、极不稳定的后工业环境，企业自身知识水平和实践技术、组织能力和客户要求三者之间是一种复杂互动的关系。企业力争提升其知识技术吸收能力，以便能够对动态的、存在大量具有相同技术水平竞争对手的外在环境做出反应,随着深入了解所用技术及该技术如何消除竞争威胁并满足客户需要时,企业就会调整其实践活动。上述分析表明企业对知识技术的获取、吸收与利用的过程具有复杂性、随机性、持续性,企业知识技术学习活动是多主体关系互动的结果。

知识经济时代,创新性科技和实践活动的引进,将引起企业行为的巨大变化,涉及变化,企业的知识吸收能力也许是决定变革能否成功实施的最重要的因素。创新是一项新知识应用于商业目的的复杂活动,而新知识则是通过被增加、删除、转换、修饰或重新解释等累积过程生成的。知识当中的一部分是通过外部进入企业的,这些知识通常被认为是企业成功进行创新活动的枢轴元素。创新者生产出的新知识很容易溢出,这就形成了企业外部的大量流动知识,技术创新产生的知识被他者"借走",而且后者并未计划对前者进行赔偿,这种现象也就是理论上的知识溢出现象。企业外部知识流动的作用日益凸现,研究人员注意到了外部知识流动作为企业层面制定战略性决策的辅助作用的重要性,企业知识吸收能力已逐渐成为企业竞争优势中的关键驱动力。

Brown(1997)提出影响企业的知识吸收能力应该有三个主要因素:先在相关知识、知识交流网络和知识共享氛围,还有一种因素也不可或缺,即对环境进行监测并识别可能对企业有用的外部观念和思想的知识搜寻机制。

Ettlie(2000)提出知识吸收能力的提升既要依赖于内部力量,如组织结构和文化,又要依赖于外部力量,如知识扩散。Zahra 和 George(2002)提出了知识吸收能力的动态过程,认为知识吸收能力具有四个维度:获取、吸收、转化与开发利用,组织机制有利于知识识别、知识传播和知识共享。

综合上述分析,企业现有知识库、搜寻环境的系统有效性以及企业交流过程的效能将影响知识吸收能力。企业知识吸收能力的影响因素具体如图 6-6 所示。

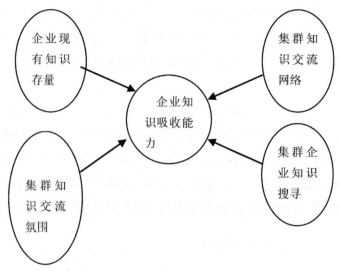

图 6-6　影响企业知识吸收能力的因素

(二)企业外部知识流动

对外部知识流动重要性的认可是企业内部创新过程的重要变化,知识的产生基本上是一个内部过程(Gans 和 Stern,2003)。在一些行业中,某个组织的知识储备即知识存量同外部知识储备之间的界限已经变得很模糊,企业比较容易从暴露在外部知识流动中获益,因此,企业必须具有开发识别新的外部知识的能力,进而为获取商业利益而吸取并利用这些知识,特别是企业因该具备知识吸收能力。

需要特别指出的是,知识对于公共社会具有持久的益处,非意志性外部知识流动是构成外部知识的重要来源之一,企业可以利用这些非意志性外部知识流动提高自己的创新绩效。企业生成的部分知识溢出其界限并可以被其他企业利用,知识溢出研究的中心便是这种非意志性知识流动。

企业可以得到的外部知识库主要条件有:在特定地理区位内企业密度、生产部门、社会关系、知识特点以及知识产权保护水平,由于地理和社会接近的关系,先进的思想总是很容易从一家企业传至另外一家企业,所以,知识流动的具有地方化特征(Fosfuri 等,2001)。当然也有研究者对知识流动的具有地方化特征、知识相关性同地理接近之间紧密关系的一般假设提出质疑,他们认为这样一种知识学习过程没有理由只局限于特定地域范围之内(Amin 和 Cohendet,2004)。

无论知识流动有没有在地域上区域化,企业面对同量的外部知识流动可能得到不同的利益,因为它们识别并利用这些知识流动的能力存在差异(Giuliani 和 Bell,2005)。因而,在众多企业之间,外部知识流动的总量和效应也不尽相同。换句话说,知识吸收能力可以成为一家企业竞争优势的一个方面。

(三)集群知识交流网络

集群知识交流网络是指将信息和知识流动分配到各组织单位的组织结构。有效的知识交流是连接组织的纽带,知识交流网络连接的广度和强度对知识吸收能力的提升以及功能单位的整合非常重要(Cohen 和 Levinthal,1990)。

集群知识交流网络是衡量知识如何高效地扩散到企业各个部门的一个重要指标。另外,扩展到企业界限外的知识共享网络对企业绩效很重要,丰田汽车公司与其供应商之间非常成功的知识共享网络就是很具有说服性的例子。在单向知识交流或者存在知识交流障碍的网络,将会阻碍管理人员实施迅速而有效的行动。

以高科技制造业为例,在利用和操作电脑合成制造业等复杂的技术时,功能整合必不可少,因为它创造了一个使所有功能单位协同工作、实现组织目标的环境,在实施自动化制造技术时,跨功能的执行团队也是获取成功的一个关键因素。在集群知识交流网络中涉及几个基本变革,即从纵向交流转向网络交流,生产线与职员的界限变得模糊等。

(四)集群知识交流氛围

知识交流氛围是指组织内部界定接受知识交流行为的环境,

其对知识交流过程可能起着推动或者阻碍作用(Brown,1997)。一个开放的、支持性的知识交流氛围能够很大程度上改善雇员的学习能力,这有助于新思想的有效传播。Nevis等(1995)认为"开放性的知识交流氛围"是有利于组织学习的重要因素之一。Levinson和Asahi(1995)也指出开放性文化也有益于组织的学习。事实上,学习是一个需要实验心态的试误过程。"开放性氛围"的另外一个重要作用是鼓励冒险的"安全性失败"。

知识交流氛围衡量了企业的价值观以及企业对开放交流的态度。开放性的交流对共享知识和提升学习一直都非常重要,对于那些采取创新性商业实践活动的企业来说也是必不可少的。管理人员需要创造一个充满信用的氛围,而部门之间的交流不仅会被人们接受而且还会得到回报,商业管理人员之间的信任与组织绩效成正比(Davis等,2000)。

(五)企业知识搜寻难度

知识搜寻是一种组织机制,它能使企业鉴别、捕获相关的内外知识和技术,这个过程涉及市场追踪、标杆管理和技术评估等许多活动,其是企业监控内外部环境的一种能力。由于知识搜寻能够鉴别并确定可能影响企业的新知识,所以它是知识吸收能力的一个重要组成部分。很多研究表明,知识搜寻和企业绩效之间成正比,与一般的企业相比,成功企业的知识搜寻量更大,搜寻面也更广(Babbar和Rai,1993)。为了获得竞争性情报,企业具体的搜寻活动包括追踪专利、论文刊物、会议报告以及搜集网络信息资源。

(六)企业内部知识储备

企业现有知识存量是企业内部工人以及管理人员的工作技能、技术以及管理实践活动的积累。企业吸收信息技术的能力,部分是由该企业该领域已有知识决定的。近年来,对大量合资企业的研究肯定了一个相称的知识库在获得成功方面所扮演的重要角色(Lane 等,2001)。

企业内部个体的知识技能和观念构成了先在相关知识库,先在相关知识库影响企业技术创新实施过程。组织学习以个体成员的学习为基础,因此,企业的知识吸收能力最终是通过个体学习以及这些个体共享知识的意愿和能力的集合而实现的。企业现有知识存量是知识吸收能力的主要决定因素,企业学习的速度越快,企业的知识库就会得到更快的扩展,进一步促进企业知识吸收能力的提高。

另外,拥有一定规模先在相关知识库的企业在预测未来技术进步方面具有前瞻性,其无疑将加快知识吸收能力的提升。反之,企业拥有有限现有知识存量,企业则对未来知识和技术的方向不确定,他们的进一步研究调查也可能困难重重,当缺乏与相关知识库的企业在实施灵活性的生产制度时,技术难关对他们来说是一个绊脚石。

虽然企业知识库和创新角色并非绝对依赖于外部知识量,但是只有在具备外部知识流动的情况下,其知识吸收功能才能得以实现。在知识流动性强和知识产权保护严密的环境中,知识吸收能力更为显著,企业已有知识库的吸收作用在这种情况下相对更为重要。企业的知识吸收能力依赖于其已经存在知识储备,而该储备大部分则蕴含于其生产产品、生产过程及企业员工之中,企业的知识库同时扮演着创新和吸收两个角色,即知识吸收能力的驱动力同创新过程及企业创新能力高度相关,这两者的单独效应很难估量。例如,没有任何科研出版的技术创新人员,可能忽视这些专业科研出版物的存在,而从这些出版物本身可以追踪到很多有用的公共知识信息,另外,这些科学人员无法将其科研成果出版出来也给创新过程中无力创新的低质量输出敲响了警钟。

长久以来,内向型企业被批判为患上了所谓的"不在此地发明"综合征(Katz 和 Allen,1982)。可是,企业界限以外产生的知识的重要性在过去的若干年中显著地提高了。获得外部知识的便捷并不意味着现在企业仅仅依赖于外部知识流动,事实上,直接面临外部知识并不足以将其成功内化吸收。企业的知识吸收能力似乎为信息技术的成功创新提供了具体而又充满前景的研究途径,拥有高企业知识吸收能力、具备相关的经验以及有效的交流沟通基础设施的企业在执行新生产实践活动时更易于获得成功。

三、集群企业对溢出知识的利用

企业知识吸收能力是一个组织性的学习概念,是企业持续学习累积作用的结果。正式以及非正式的知识联系渠道对新知识和新技术的内部扩散十分重要,在过去,企业并没有意识到已有的知识,更没有将其利用,特别是只能在直接的社会互动中才能发现的隐性知识。

只有当外部知识流动能够被识别、整合并加以利用时,知识吸收能力才会对创新绩效产生作用,换句话说,存在于“真空”之中的企业无法从知识吸收能力中获取任何利益。外部流动知识对企业知识吸收作用至少起着两种不同的作用:其一,知识吸收能力帮助企业识别更多的可获取的知识流动,即知识吸收能力在企业察觉的外部知识量方面起着越来越关键的作用;其二,对于一定量的已识别的外部知识流动来说,企业生成利益的程度也依赖于其知识吸收能力。其中前一种作用正是一些学者称为的:知识识别能力、评估能力或者潜在知识吸收能力;后一种作用则被称为:知识使用能力、应用能力或者实际知识吸收能力。总的来说,企业可以识别更多的外部流动知识并可将其更充分利用。企业知识吸收能力水平的不同导致了由相似的外部知识库产生的不同的利益。

企业知识管理过程、各种规章制度以及流程对实用性知识的鉴别和捕获具有重要作用,同样,企业对基础技术创新活动的投资也能提高企业理解和利用外部知识和资源的能力。知识很可能以技术创新活动的副产品的形式被获得,特别是当知识领域和企业目前的知识库紧密关联的时候。例如,实践中的标杆管理、对战略性同盟、顾客以及供应商进行的调查等跨组织学习活动也是有效的知识搜寻活动(Levinson 和 Asahi,1995)。

企业知识吸收能力也有可能和一个国家的知识吸收能力有关(George 和 Prabhu,2003),激励企业知识吸收能力的政策可能使一个国家有效提高对国际知识流动的敏感度,这些知识流动同时也会激励本地创新。虽然知识会在工业集聚或地理上群聚的行业很容易的流通,但是企业从集聚中的获益却不尽相同。其中,知识吸收能力扮演着重要的角色,因此,培养工业集聚的政府也必须制定旨在提高企业知识吸收能力的互补政策。

企业知识吸收能力、外部知识流动和企业创新绩效的关系在很大程度上依赖于一些企业外部知识环境中的关键权变因素。如何提高企业知识吸收能力,在此仅从两个角度出发:一是为企业知识吸收提供合适的知识环境;二是建立保护知识的相关法律,在适宜的知识流动、知识共享的环境中,企业的知识吸收能力才能够提高,与此同时,相关的法律,特别是对知识产权保护的法律,能够为企业知识创造、共享、吸收、利用提供保护。

(一)提供适宜的知识环境

在稳定知识环境和动荡知识环境中企业学习过程也不相同,在稳定的知识环境中企业的学习是利用型学习过程,在不稳定的知识环境中企业的学习是探索型学习过程。探索就意味着企业需要研究、发现、实验、冒险和创新,而利用则意味着完善、实施以及生产和选择效率等。在稳定知识环境中,企业强调对于知识的利用,企业利用的知识同其现有知识库紧密相连。相反,在动荡的知识环境中,在一个变化的知识环境中,外部知识对于企业技术创新过程很关键,在这样的环境中竞争的企业如果想继续生存,它们须重新配置其知识库。企业在探索方面更加积极,因为企业所需求的相关知识可能同已存知识库相距甚远。

在上面两种不同知识环境中,外部知识的作用存在很大的差别。作为利用型企业学习基本上是一个本地搜寻过程,可能不需要外部知识回馈;探索型企业学习则在很大程度上依赖于外部知识,并将外部知识用于观念生成、形成基本知识以及市场回馈等领域。这意味着动荡的知识环境在提高企业知识吸收能力中扮演着更重要的角色。

(二)提供保护知识法律

适用性法律能够使企业保护其新产品或生产活动。在比较严密的保护制度下,企业为其知识产权申请专利,从而保护由创新发明产生的收入来源,这样其他企业的模仿变得更加困难,而有效的专利是构成企业持续竞争优势的一个重要途径。

专利系统的主要任务就是同其他成员可以有效公开利用披露的知识信息。如果存在知识保护制度,企业试图广泛地申请专利,从而生成了综合的并且是可得的高质量科技信息来源。当知识保护制度松散的时候,申请专利具有风险性,事实上,专利可能为其他企业提供有价值的信息,而且无法保障持有专利的原创企业的利益,这就意味着:企业开展可以产生知识流动的复杂高成本的技术创新活动缺乏动力;或者企业将通过减少披露信息的量来开发保护其创新的机制。通过对于制造行业一些企业的广泛调查,Cohen 等(2000)发现企业保护知识产品和创新过程最常见的手段就是保密。因此,在以高法律适用性为特征的环境中,外部知识的质量水平都会高一些。

在严格的保护制度下,企业要想利用外界知识,它们必须具备可以将知识转化吸收的能力,使生成的新知识不被侵权,能够被专利保护。例如,围绕该专利进行发明创造,这种知识转化能力是企业知识吸收能力很重要的组成部分。相反,在知识产权保护松散的制度下,模仿现象大量存在,模仿的企业不需要对知识进行任何转化吸收,就可原模原样的搬用它。具有竞争力的企业保持创新发明以保持领先于竞争对手,而知识产权保护又松散时,知识吸收能力的作用就不明显了。

在知识经济中,大量的知识存在于企业界限之外,这一点对于努力发展企业可持续竞争优势来说意义重大。产业集群中企业能够比较容易地获得外部知识,无论是意志性还是非意志性知识流动,这种现象似乎说明企业内部创新变得相对次要了,这个看似逻辑正确的论断实际上低估了企业知识库在发展知识吸收能力方面的重要性。实际上,创新中的企业内部投资更为重要,因为企业内部的创新投入提高了企业吸收外部知识的能力,拥有较强知识吸收能力的企业对识别并有效利用外部知识流动准备得更为充分。这表明企业知识吸收能力本身实际上就是一种竞争优势,换句话说,知识吸收能力对于企业在创新绩效方面的投资是有利可图的。

企业千方百计发展和维持其竞争力优势,当环境变得越来越动态的时候,对竞争优势的追求就更多地依赖于组织获取、处理以及分享知识的能力。雇员知识、管理人员知识、知识交流网络、知识交流氛围以及知识搜寻是影响知识吸收能力最关键的因素。知识交流网络强调了工人的知识和管理人员知识之间的关联性的重要性,工人和管理人员拥有搜寻内外部知识的有效途径,并能快速有效地将其输送到组织内部。

具有前瞻性的管理人员乐意在雇员和互补性的管理实践活动上投资,他们能积极地影响知识吸收能力的维度,这反过来又会影响企业实施创新性管理实践活动的能力。工人和管理人员拥有迅速理解并使用解决问题和改善体制知识的能力,这表明企业不仅要关注于快速变化的具体任务知识,还要关注于信息的评估和处理技巧创新以及合作性团队和知识共享环境中的工作技巧创新。未来的研究方向可能是企业如何快速获取和吸收真正所需知识的能力方面。

第二节　溢出、集聚与区域环境变化

知识溢出效应是一个动态的复杂过程,其被接受者接收、消化、吸收,并根据自身特质进行创新,然后又在企业间扩散。一旦具备了畅通的传导路径,地理上接近的企业就能通过这个复杂的动态过程不断地接收、消化、吸收、创新、扩散,带动区域内的企业提高生产率和经营效率,降低成本。

一、知识溢出促进产业集聚

企业的空间集聚会形成产业特定的溢出效应和自然优势(Glenn Ellison,1997),降低企业商务成本,从而获得竞争优势。

Mac.Dougall 于 20 世纪 60 年代提出了集群内企业的溢出效应(Mac.Dougall,1960)。Kenneth J. Arrow 解释了溢出效应对企业发展的作用,并提出了"学习曲线"和"干中学"这两个重要概念(Kenneth J. Arrow,1962)。沿着 Arrow 的思路,Paul M. Romer 研究发现知识和技术能够弥补作为企业经营投入要素的资本报酬递减,内生的技术进步是企业发展的动力(Paul M. Romer,1986)。Lucas R.E. 认为企业集聚产生的技术外部性和金融外部性使要素边际收益递增,引起企业在空间的聚集和扩散,降低了企业成本(Lucas R.E. ,1988)。Griliches Z. 的研究也证明了集聚通过企业间的溢出效应降低了企业成本(Griliches Z. ,1979)。

Arrow、Romer 和 Lucas 都强调溢出效应对企业发展的推动作用,集聚以及集聚带来的溢出效应使整个区域内的企业受益,促使该区域内企业生产率提高和成本降低。Krugman 进一步发展了 Marshall 的思想,从劳动力市场经济、专业化经济和知识溢出三个方面阐释了马歇尔外部性(Marshall externalities),通过集群内企业之间的信任、模仿、沟通(Krugman,1991)以及人员的正式或非正式交流(Saxenien A. ,1994),集群内的企业有效地降低了生产、采购、技术创新和管理方面的企业商务成本,提高了自身生产经营能力和管理能力(Verspagen B. ,1991)。

Linghui Tang 探讨了 G7 国家企业向其他发达国家和发展中

国家企业的溢出状况（Linghui Tang，2008）。Chun-Chien KUO评估了技术溢出对中国区域经济增长的促进作用，实证结果表明，国外先进技术溢出提高了企业创新能力（Chun-Chien KUO，2008）。

Effie Kesidou 通过研究乌拉圭 Montevideo 软件公司发现，企业的副产品、劳动力流动和非正式的互动关系对企业的知识溢出影响显著（Effie Kesidou，2008）。David B. Audretsch 虽然认为高水平的知识投资（由于知识悖论）并不一定能够自动产生相应的均衡增长，但仍肯定了企业是知识溢出的渠道及其重要作用（David B. Audretsch，2008）。

Werner Bönt 实证研究发现溢出效应和企业间的信任度之间存在一种积极的关系（Werner Bönt，2008）。Yi Deng 发现企业内部也存在大量的隐性知识或技能溢出（Yi Deng，2008）。Brett Anitra Gilbert 等认为，集聚使积极参与其中的企业能优先获取知识溢出，企业的区位帮助其获取了发展优势（Brett Anitra Gilbert，2008）。高闯的研究也得出了类似结论，认为知识溢出能够提升集群的创新能力，提高创新效率，降低企业创新成本与风险，形成集群独特的竞争优势（高闯，2008）。吴玉鸣对我国省域技术创新、知识溢出与区域创新之间的关系进行了理论分析与实证检验（吴玉鸣，2007）。

对美国企业微观资料经验研究表明，R&D 提高了企业生产率并且获得了很高的回报（Griliches Z.，1986）。Jaffe A. B. 运用州际面板数据验证了这一结论（Jaffe A. B.，1989）。

Fischer，M. 通过研究澳大利亚高科技产业数据发现，溢出效应存在一个地理范围，并且呈现出明显的距离衰减趋势（Fischer，M.，2003）。Anselin L. 发现，在高校研究溢出效应的范围超过了 50 英里；高校研究与创新活动之间存在直接的因果关系，前者内生于后者，而不是相反（Anselin L. 1997）。Anselin 和 Fischer 等加深了对溢出效应空间范围的认识，为内生经济增长理论提供了重要的经验支持。

围绕马歇尔外部性,对集聚带来的溢出效应基本上存在两种观点:一是以经济地理 EG 派为代表,认为溢出效应对集群内企业提高经营管理效率、降低成本有着重要的促进作用,并通过实证研究证明。二是以 Breschi,S. 和 F. Lissoni 为代表的怀疑者,他们认为知识溢出的作用被过分夸大,产业集群对创新的促进作用应归功于专业化经济和劳动力市场经济,认为溢出效应掩盖了传统的马歇尔集聚成本优势(Breschi, S. 和 F. Lissoni., 2001)。前者的不足之处在于溢出效应测量缺乏理论基础、对溢出的传导机制研究不足,从而降低了溢出效应的说服力。后者否认隐性知识溢出,强调专业化经济和劳动力市场经济的促进作用。从溢出效应产生途径来看,马歇尔的三种外部性:专业化经济、劳动力市场经济及知识溢出效应互相之间具有一定的促进作用,是无法割裂的,以上两种观点只是在强调马歇尔外部性的一个或两个方面而已。

以上研究从不同角度、不同层面对集聚的溢出效应做了研究,加深了人们对这一问题的认识,但是,关于集群中企业内部知识溢出的获取吸收、转移共享、积累战略等,以及企业之间的知识溢出网络的建立、激励补偿机制的建立及社会资本环境等方面研究不足,且有待于研究方法的多样化。在研究视角上,侧重于中观、宏观层面的溢出效果,而较少对微观层面的深入研究;在研究对象上,较少关注企业的溢出管理;在研究内容上,较少对溢出主体与客体的激励、补偿机制的研究;在研究方法上,现有的溢出效应度量基本是间接的,其实证结果受到了一定的质疑,阻碍了对溢出效应的深入研究(黄志启、张光辉,2009)。

二、产业集聚促进区域市场规模扩大

产业集聚降低了区域内企业商务成本,改变了企业的区位选择。企业的区位选择促进了集聚形成,集聚效应又反过来影响了资本的区位选择,形成资本区位选择与集聚效应的自我强化。

Head,K.(1996)把中间投入品的供给和需求作为中国集聚经济的发生机制,利用 54 个城市共 931 个外商投资企业的数据进行计量分析发现,集聚效应在中国吸引 FDI 中的作用突出,在基础设施和工业基础良好的城市里更为显著(Head, K. , 1996)。第一,产业集聚使专业化分工以一种独特的方式获得了空前发展;第二,集聚企业之间的地理距离短,运输费用低,供货及时,可以大量减少企业采购、运输和库存的费用,最终降低产品的生产成本;第三,产业集聚在企业间培育出的隐性心理契约则降低了企业间的交易成本;第四,集聚减少了搜集市场信息和技术创新信息所付出的费用;第五,集聚的存在有利于形成共享和成熟的劳动力市场,从而降低企业获得劳动力要素的搜寻成本;第六,集聚还有利于促进专业服务设备和基础设施的发展,降低使用成本(李锋,2004)。

无论制造业还是服务业,集聚和它们的协同作用都影响到企业的流动模式(Linda Fung-Yee Ng,2006)。在企业的区位选址上,为了降低交易成本,利用外部经济,企业流动往往趋向于集中在某些特定的地区。集聚经济和市场规模决定了美国企业在发展中国家的区位选择(David Wheeler,1992)。对波兰的研究也表明,积聚是企业流动的主要驱动力之一(Agnieszka Chidlow,2009)。Linda Fung-Yee Ng 的研究表明,尤其对于中小企业区位选择,集聚因素起着重要作用,此外,分工程度、交易成本对于企业选址也有显著的影响(Linda Fung-Yee Ng, 2003)。Keith Head 对 931 家外国企业的调查数据表明,外国企业对那些有外资企业、具有良好的基础设施和工业基础的城市具有偏好,并且外资的集聚效应极大地放大了相关政策的直接效果(Keith Head,1996)。Antonio Majocchi 对 3 498 家外国制造业企业的调查也得出了类似的结论(Antonio Majocchi,2009)。C. Keith Head 分析了 1980 年以来 751 家日本制造企业在美国的区位分布,发现处于同行业的企业往往会选择集中在一个地区或相近的地区内以取得外部效应,这种集聚效应的经济性主要体现在企业间的技术溢出、专业化的劳动力企业共享和中间投入品供应的外部性(C. Keith Head，1995)。

　　企业本身还存在很强的自我强化机制。集聚效应使某一地区如果存在类似的企业，其后的投资者选择该地区的可能性会增加。研究表明，在成功地控制其他影响区位选择的影响因素后，由于集聚效应的正外部性，企业流动趋向于做出类似的区位选择。第一，集聚区域内存在外部经济，如信息共享、公共服务会使后来者在较短的时间内实现在新经济环境下的高效生产。第二，大量的先行企业集聚能提供多样化和相对低廉的中间品投入。第三，先行企业对该地区市场容量、要素成本、交易成本、基础设施等做出的调研和评估将降低追随者的成本和风险。第四，如果潜在进入企业尤其是追随者无法对该地区的投资环境做出投资评价（很可能是技术原因或本身实力不足），那么模仿先行企业的区位选择就是一个最优的选择。第五，作为代理人的投资决策者，由于担心自己"独特"的区位选择失败而影响自己职业经理人声誉，也会选择追随进入同一区域(DeCoster Gregory P.，1993)。这些都有助于投资于该区域的企业降低经营成本，并通过本地竞争对手和顾客需求的力量进一步加强竞争优势。

　　区位选择与企业集聚的自我强化效应有着重要的政策含义。某一地区率先增加改善经营环境，将吸引企业向该地区流动，而经济外部性则可能促使更多的企业集聚，进而降低该地区的要素成本和交易成本，从而吸引更多的企业流入，即使其他地区随后推出类似的举措，也不足以打破这个良性的自我强化机制。

第三节　技术创新生态的演变与分析方法

一、创新生态系统理论

(一)创新系统的主要分支

1912 年，经济学家熊彼特(Suhumpeter)在其《经济发展理论》一书中首次提出创新理论。按照他的观点,创新是新生产函数的建立,将以前从未提到的生产要素与生产条件进行重新组合,并投入生产体系之中。OECD推荐的《技术创新数据收集及解释指南》中明确将创新界定为工业技术创新,包括新产品和新工艺以及产品和工艺显著的技术变化。具体地说,产品创新是指一个全部的或技术上有显著变化的新产品进入市场,可分为全新的产品和对已有产品性能的改进。工艺创新是指采用新的生产方法和工艺或对原有生产方法和工艺进行改进。随着研究的不断深入和外部环境的剧烈变化,关于创新系统的研究又衍生出了以下几个分支。

1. 国家创新系统

国家创新系统(NIS)由 C. Freeman (1987)在考察日本时首次提出,它继承和发展了熊彼得的创新理论,并融合了李斯特的国家体系思想,将其定义为"在私人或公共部门通过相互使用或采取行动来完成技术创造、技术引进、技术改造以双技术扩散的一种制度网络"。OECD (1997)在其《国家创新体系》报告中也提到:"创新是各主体和机构彼此作用而得到的一种复杂结果。技术变革并非总是以线性的方式出现,它是系统各要素彼此作用与反馈的一种结果。企业是这一系统的核心,一般由企业获取外部知识并组织生产和创新。而大学、研究机构、别的企业以及中介组织是外部知识的主要来源。"所以,创新系统中的主体是企业、高校、科研机构以及中介机构。对国家创新系统的研究应该聚焦于系统内彼此关联和作用的整个网络。

2. 技术系统

技术系统主要从产业层来对创新活动进行研究,Carlssor(1995)将技术系统定义为"在特定的制度环境和产业领域内,致力于推动技术的创造、应用与扩散的参加者彼此作用所形成的一种网络"。技术系统的地理边界是不定的,可以是地区的、国家的,也可以是国际的或全世界的。Carlssor(1997)认为应从以下几个角度来研究技术系统:网络关系、知识的特性、接受能力以及多样性产生机制,技术系统的整体绩效正是取决于这些要素。其中,知识的特性直接影响着知识溢出的潜力与模式;接受能力则决定了进军全球市场的能力,企业可以通过加大技术创新投入来提高其接受能力;而网络关系又直接决定了知识溢出的特性,技术系统的网络关系越密切,知识溢出效果越强。一般而言,技术系统有供应链网络、技术创新网络以及非正式团体网络这三种交叉的网络形式。在技术系统的进化过程中,市场是一个非常重要的选择机制,进化的必然结果是失败和退出。如果有很强的路径依赖,就很难适应外部环境的变化,因此为了防止系统逐渐退化和崩溃,很有必要保持一种多样性产生机制。

3. 部门创新系统

Bressch 和 Malerba(1995)给出部门创新系统定义是参与开发和制造特定部门的产品、创造和使用特定部门技术的企业构成的系统(群落),这种企业系统通过两种方式形成联系:一是通过产品开发过程中的相互作用和合作;二是通过创新和市场活动中的竞争和选择过程。部门创新系统有以下几种内涵:一是创新者的动力机制,其主要衡量参数有创新者的规模、数量、集中度、混乱度以及创新集中度的时间变化趋势;二是创新者的地理分布情况,判断创新者是在少数地区高度集中,还是随机分布于不同地区;三是创新者知识获取的空间边界,判断创新者获取知识的地理分布,所能搜寻到新知识的空间边界。

4. 区域创新系统

人们注意到即使在一国之内不同区域之间的创新产生和经济发展水平也是存在差异的。Nelson(1993)指出区域创新系统是"旨在鼓励创新的区域性法规、制度和实践等所构成的一种系统"。值得指出的是,区域创新系统的地理边界并不是固定的,既可以是某个国家内部区域,也可以是毗邻的跨国区域。Cooke(1997)则认为区域创新系统是"由在地理上有关联和明确分工的企业、高校、研究机构等组成的一种区域性组织系统及其产生的创新"。Frarz Toctling(1999)认为区域创新主要有五大特点:①科研能力、教育质量以及劳动力质量与其所在区域有很大的影响,流动性不高;②有区域化的产业群,并为本地的产业发展提供很大的网络支持;③知识流动有很强的区域性特征;④区域科技政策对本地的创新有显著的影响;⑤随着区域创新系统内各要素彼此作用日趋紧密,锁定现象将会出现。

(二)生态学理论

德国生物学家赫克尔(Haeckel)于1866年首先提出生态学的概念,认为生态学是研究生物与其环境相互关系的科学,又指动物与其动物、植物之间互利或敌对的关系。关于生态学的定义,两百多年来,各国学者曾有过不少不同的表述。归纳各方观点,结合当今生态学的发展动态,生态学可定义为:生态学是研究人、生物与环境之间的相互关系,研究人类生态系统和自然生态系统的结构与功能的一门科学。简单地说,生态学就是研究一切生物的生存状态,探讨生态系统下生物之间和生物与环境之间环环相扣的关系,强调联系和发展。随着人类社会及生态学的发展,生态学形成了独特的方法论并在此基础上构建起博大精深的学科体系,成为自然科学和社会科学的桥梁。生态学中很多的重要理论可以用于自然界和人类社会的各种事物的分析观察和研究,对生态学理论的借鉴则主要集中在以下方面。

1.生态系统理论

自从 A·G·TanSley(1935)提出"生态系统"的概念以后,就引起了越来越多的学者的认同和关注。生态学家把"生态系统"界定为一个物种聚居的环境,每种生物为了保护自身的利益,都会主动地适应所处的环境。从上述定义可知,生态系统有两个重要的构成因素,即复杂的生物及其所处的环境。在生态系统中,各种参与者彼此互相依赖。因此,相对于研究生态系统之间的差异而言,研究生态系统之间的关联似乎更有意义。Kauffman (1968)也曾提出,每个物种只与其余物种的一个子集有联系,而不是与整个自然生态系统有联系,所以这个系统从某种程度上说是呈网络结构的。生态系统是生态学中的基本功能单位。

生态学中生态系统的主要功能在于强调必需的相互关系、相互依存和因果联系。这其中包括三点:(1)主要研究生态系统内各要素的相互关系和动态变化,同时综合各组分的行为探讨生态系统的整体表现。生态系统内的各部分相互联系、相互制约并形成一个整体,牵一发而动全身。(2)生态系统内各种生命层次及各层次的整体特性和系统功能都是生物与环境长期协同进化的产物,都处于不断进化的过程中。(3)生态系统具有自我调控的功能以保持生态系统内各部分的平衡,系统失衡将影响系统内各部分的生存与发展。

2.生态位理论

(1)生态位的内涵。

生态位(Nichel)是生态学中的重要概念,生态学中很多的重要理论,如关于群落中物种的多样性、物种在群落中的生存位置,物种对环境因子的适应以及生物之间包括互利和竞争在内的各种相互关系的研究,都是以生态位概念为主要理论基础的。关于生态位的内涵,不同时期的学者提出了不同的理解。

第一,空间生态位。美国学者 J·Grinell(1917)认为,生态位是生物在群落中所处的位置和所发挥的功能作用,实质上是一个行为单位。

第二,营养生态位。英国生态学家 C·Elton(1927)提出,一个动物的生态位表明它在生物环境中的地位及其与食物和天敌的关系,即物种在生物群落中的地位与功能作用。

第三,多维生态位。1957 年英国生态学家 G·E·Hutchinson(1957)从空间资源利用等方面考虑,提出 n 维生态位(n-dimensional niche),认为在生态系统中,物种的适合度受到许多生物和非生物因子的影响,是多维的,并把生态位区分为基础生态位和现实生态位。G·E·Hutchinson(1957)认为,在没有竞争的前提下,一个物种能全部占有它的生态位,即基础生态位,否则就只能占据基础生态位的一部分即现实生态位。因此,生物受到对其发展形成限制的各种作用力的影响,如物种竞争和不利的环境等,而且任何生物的生态位实质上都是一种现实生态位。通俗地说,生态位就是生物在进化过程中,通过对自身环境的长期适应,能在一定栖息地内获得生存资源,并据此形成的最大生存优势。

(2)生态位的调整。

大多数生物的生态位都是在不断地调整中的,这种调整一是对于环境的适应。例如,生物生存的时间和地点发生了变化,生态位就必须做出调整。二是对于竞争的适应。物种间的竞争主要由于生态位重叠而引起。当两个生物里利用同一资源或共同占有其他环境变量时,就会出现生态位重叠现象。当种群利用的资源是有限的,生态位重叠度越大,就意味着竞争越强。因此,当两者之间生态位不同时,那么并不会出现对生态位的争夺,此时合作大于竞争;而当两者的生态位相近甚至重合时,此时竞争大于合作。这时弱势种群就需要调整自己的生态位以适应竞争。然而即使生态位不同,当处于相同生态环境下的不同种群利用的资源相近时,种群也需要调整已有的生态位,这种生态位调整主要体现为增强自己的功能,扩大自己的优势,以利于资源的争夺。

(3)种间相互作用理论。

在生态学中,关键的种间相互作用主要有正相互作用和负相互作用,种间正相互作用指种群间的合作和共生,负相互作用指种群之间的竞争。种间竞争就是两个或更多物种的种群,因竞争对它们的增长和存活所产生的负效应。种间正相互作用的主要表现是种群间的互利共生。互利是指对双方都有利的种间关系,但这种关系远没有发展到彼此相依为命的程度,如果解除这种关系,双方都能正常生存,因此也叫兼性共生。共生是物种间相依为命的一种互利关系,这种互利关系密切,如果失去一方,另一方也不能生存,因此又叫专性共生。生物当中,互利的形式又可表现为共栖和杂交。共栖是协同进化的结果,即两个不同种群长期在一起,逐渐形成相互适应、相互依赖关系的一种进化过程。杂交,是指两个不同种群进行繁殖产生二代杂交种的行为,是优良物种产生的前提。生态学的种间相互作用理论是本研究对产业集群内部各种群相互作用关系的理论依据。

二、创新模式的演变历程

20世纪初以来,创新模式经历了从线性到交互最终发展到创新生态系统,其中充分体现出系统论在创新过程中的关键和基础作用,如图6-7所示。

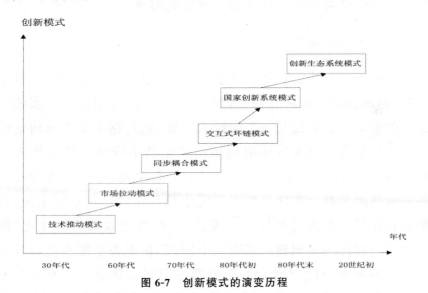

图6-7　创新模式的演变历程

(一)线性创新模式

1934年,熊彼特提出了第一代线性创新模式,该模式指创新过程从科学发现开始,进入技术发明,然后由工程到产品,最后由制造到销售。在这种模式下,创新是科学发现与技术推动的最终结果,市场与消费者对此没有选择权,只能被动地接受。但是后来人们逐渐发现,市场需求也是创新重要的驱动力,它对创新也有很强的拉动作用。于是在进入 20 世纪 60 年代后,第二代线性创新模式——需求拉动模式开始被提出来,该模式以市场需求为起点,由研究开发到产品设计,再由产品制造到产品销售。

20 世纪 80 年代末,系统方法开始被引入创新模式。Freeman (1987)首次运用系统方法来研究创新,并首次提出了国家创新系统。他系统研究了日本的经济发展过程,发现日本综合运用技术创新和组织制度创新,在很短的时间里就发展成为工业大国,可见国家在推动技术创新的过程中作用显著,也印证了国家创新系统方法有着重要的理论地位。他指出国家创新系统是"由私营和公共部门内各种机构所形成的网络,在这些机构相互关联和作用下推动了新技术的创造、吸收、改进和扩散"。此外,创新系统方法综合考虑到了创新的各种影响因索。

(二)创新生态系统模式

2004 年,美国竞争力委员会在其《创新美国》报告中发布了"国家创新倡议",提出要在美国构建"21 世纪的创新生态系统"。这里的创新生态系统是一个崭新的系统,它超越了基于机构论的国家创新系统。该报告还明确指出:"创新不应该再被看作为一种机械的线性过程,而应该视为一个生态系统,我们经济和社会各方面的因素都会在这个生态系统中相互作用。从本质上说,将创新看作是一个生态系统是要表达一种'为创新而进行优化'的意思。"与以往国家创新系统明显不同,创新生态系统不再是各相关要素的集合,而是需求、供应、政策和基础设施这四个整体功能部分的整合。可以发现,创新生态系统正在向新整体论的方向发展。创新活动中引入系统方法,运用整体论和系统论的思想和方法来研究和管理创新,这是创新思维方式发展的一个里程碑,在创新发展历史上意义重大。

三、创新生态系统的分析方法

(一)协同理论

针对自组织现象和规律的研究和讨论,形成了自组织相关理论体系。自组织理认为:对于一个具有开放性的非线性的原理平衡态的系统而言,外界的控制变量如果能满足一定的条件,也就是达到一定阀值时,当出现随机涨落的触发时,可以借助于突变的进化过程向更加有序的结构实施转变。协同理论是德国的物理学家所创立的,在一个系统里,各个子系统之间的非线性的相互效应和作用,从而促使系统的结构实施演化,是一种自组织型的理论。

协同理论是复杂而丰富的理论体系。在协同学的理念里,所有研究对象都是组元、部分、子系统等要素构成的系统,各个子系统之间存在着丰富的物质、能量、信息交换,相互联系,互相作用。通过在子系统之间的这种互相作用,在整个系统里,会逐渐形成一种整体性的效应或者新型的结构形式。

协同理论所研究的主要问题是,对于一个开放的系统而言如何从原始的无序状态发展到有序的状态,或者从一个有序的状态演化到另一种有序的状态。哈肯认为无论是对于平衡相变还是对非平衡的相变而言,在相变之前,系统之所以处于一种无序的状态,是因为所构成系统的所有的子系统之间不存在合作的关系,这样就无法形成整体特质。但是,如果系统经历了相变,组成整体系统的子系统就会按照一定的规则形成相互之间的合作关系,实现协同行动,这就会促使系统宏观性质的变化。这里的协同是指,系统的各个部分之间协同工作。

1.协同学基本演化方程

在协同理论中,通过定量的方法对系统的行为或者结构进行演化,其基本的演化遵循如下的公式。

$$q = N(q, \alpha) + F \qquad (1)$$

对于不同系统而言,不同的参量用 q 表示,对于 q 来说,不仅可以是宏观量,也可以是微观量。外部参量用 α 表示。F 表示随机的涨落力。含有 q 和 α 的不同阶次的倒数的方程就是演化模型,也就是微分方程,或者称为微分方程组。在构建系统的演化方程时,其关键之处就是要对描述系统的状态参量进行合理选择,基于求解状态变量关于时空的依赖,就可以对系统的演化行为进行研究。

2.协同学基本原理

协同学的理论体系包括不稳定、支配和序参量三大原理。哈肯的观点是,系统的自组织要受到少数的参量的硬性,对于系统的演化过程而言,涨落起到非常重要的作用,对于系统演化而言,涨落起到催化和诱导的作用,没有涨落的存在,对于系统而言就无法对新的有序结构进行认识,也就不存在非线性相关作用的关联放大的形成,这时系统的演化和进化也就无从谈起。

①不稳定原理。在不稳定原理中,主要是体现当形成了一种新的模式时,其他的状态则不能继续维持,也就是进入非稳定的状态。在协同理论中,认为非稳定性是有其积极的一面存在的,因为不稳定性充当了新和旧的结构的演化的媒介作用。图 6-8 描述了协同理论的不稳定性原理。

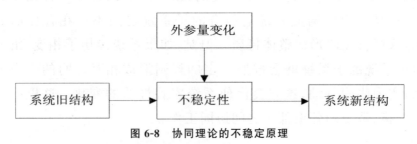

图 6-8 协同理论的不稳定原理

对于产业集群创新生态系统来说,其创新条件不是一成不变的,这些条件的改变会给创新体系带来不稳定性,比如新的技术的开发和实现,需求观念的进步和调整,国家相关政策的推出和变化等,都会导致产业集群形成新的能够适应环境变化的创新体系。

②支配原理。在支配原理中,主要是涉及快变量和慢变量等概念之间的支配。基于非稳定性的原理,当控制参量发生变化并导致实现非稳定性的破坏时,可以根据阻尼性质的差异对在基本演化方程中的变量进行分类,第一种变量类型所联系的阻尼的作用不大,第二类的变量类型所联系的阻尼作用较大。到达临界点的状态时,第一类变量类型随着时间的变化较慢,也就是说,得需要较长的时间才能到达新的临界状态,甚至需要无穷尽的时间,也就将其称为慢变量。对于慢变量来说,当达到临界点时是缓慢增长的。第二类变量类型由于与其所对应的阻尼较大,基本呈现指数形式的衰减,其所持续的时间不长,因此将其称为快变量。

在支配原理中,其所体现出来的核心思想就是,系统所囊括的参量、子系统以及因素等的性质对系统所构成的影响是不同的和不平衡的,但是,当和临界点之间差别较大时,会抑制这种不平衡或者差异,无法实现表示。当在控制参量的作用下,系统达到临界状态时,就会逐渐暴露出这种差异来,也就对快变量和慢变量进行了区分。快变量对系统的演化过程不会构成影响,但是慢变量会影响着系统的演化,对快变量的行为构成支配。支配原理认为,几个缓慢增加的变量决定了有序的结构,对于全部的子系统来说,这对其起到主导性的支配作用。

③序参量原理。序参量主要是指,对于一个参量而言,如果在系统的演化中从无发展到有,还能指示出新的结构的形成,则可以将其视为是有序的参量。对系统的整体行为进行描述的是序参量,它是宏观性参量。在形成序参量时不是外部作用导致系统发生的,它是来源于系统内部的。如果含有多种组分的系统处于没有序的状态中,对于众多的子系统而言,是相互独立的,相互之间不存在合作的关系,也就形成不了序参量。当系统逐渐向临界点演化时,在子系统之间会出现合作关系,实现协同性效应,也

就会促使序参量出现。当形成序参量后,就可以形成对整个系统的演化构成主宰的力量。由于子系统的行为受到序参量的支配,对系统的整体演化构成主宰作用,寻找序参量就是建立或者求解序参量,这也是对整体的演化进行研究的核心。在求解序参量时,采用绝热消去法在基本方程中除去快变量,从而获得只含有较少的慢变量的朗道方程,这个方程就是序参量方程。

将基于协同理论的动力机制方程对产业集群创新生态系统的自组织演化规律进行研究,这有利于科学合理地制定产业集群的协同创新机制,以引导产业集群创新生态系统的健康发展。

(二)博弈论

1.博弈论基本概念

博弈论研究的主要是两个或者两个以上的利益团体,通过相互之间的作用,所进行的各自的决策优化方面的理论。它和一般的决策优化理论不同的是:就利益方面而言,博弈论的参与方之间存在相互之间的冲突;参与方要对其各自的决策实施优化,以达到其个人利益的最大化;每个人与其他的决策人之间存在决策上的相互作用,也就是一个人的决策会对另外一个人构成影响,某个人的决策也会对其他人构成影响;在博弈论中,认为参与方是理智的,也就是说参与方具有从事进行理性层面的逻辑思维的能力。

博弈论的概念包含丰富的内容,主要有行动、参与人、战略、支付、信息、结果等。在这诸多要素中,对一个博弈进行描述,必须包含参与人、战略和支付三个要素,行动和信息这些要素是增加内容,行动、参与人与结果统统成为"博弈规则"。之所以进行博弈分析,主要是为了使博弈规则得以平衡。

①参与人:在一个博弈中,参与人是负责决策的主体,参与人要依靠决策来使自己的支付水平达到最大化。参与人可以由个人和团体构成。本文的研究中所涉及的参与人主要是指,在创新

性产业集群众的相关个体。

为了便于进行系统分析,不仅包含一般意义上的参与人,在博弈论里,"自然"以虚拟参与人存在。当信息不完全时,在博弈中进行自然的选择参与人。对于同一般的参与人而言,不同之处是,作为虚拟性的参与人,"自然"不具有与其相对应的支付以及目标函数,也就是说,对于自然而言,所有的结果之间都没有差别。在本文的研究中,用 N 代表自然,用 $i=1,\cdots,n$ 代表参与人。

②行动:行动对应着参与人在博弈过程中,当出现一个博弈的节点时,与该参与人所对应的决策方面的变量。一般而言,第 i 个参与人的一个行动用 a_i 表示,如果要表示出全部的能够供选择的行动的集合时用 $A_i=\{a_i\}$ 来表示。对于参与人的行动结果来说,既可以是联系的,也可以是离散的。

在一个由 n 个人组成的博弈中,用行动组合来表示由 n 个人参与的行动的集合。其中 $a=(a_1,\cdots,a_n)$,表示第 n 个元素参与的行动。这里与行动之间存在关联关系的一个问题是参与行动的顺序。对于最终获得的博弈结果而言,影响结果的一个重要因素就是行动的先后顺序。实际上,在动态博弈和静态博弈之间的区别就是所做出的不同的行动顺序。我们可以看出,对于参与博弈的人而言,尽管有着相同的行动组合,但是当所选择的行动的顺序不一样时,则就会对应不同的参与人的最优选择,则博弈的结果也就不一样。

③信息:信息是参与人关于博弈方面的知识,特别是和自然的选择相关,以及其他的相关参与人关于行动和特征等方面的知识。在博弈论中,为了对参与人的基本特征进行描述,选择信息集这个概念进行描述,可以将信息集认为是在特定的时刻,参与人对相关的变量值的知识。

④战略:战略是参与人在一定的信息集的条件下所选择的行动规则,战略确定了参与人在何时进行何种行动的选择。在信息集中涉及的是一个参与人关于其他的相关参与人之前的行动的知识,参与人根据战略就能确定针对其他的参与人如何做出行动

决策,所以参与人根据战略相机而动。

一般而言,第 i 个参与人的一个特定战略用 s_i 进行实际的表示,而与第 i 个参与人的战略组合相对应的是 $S_i = \{s_i\}$。如果对于 n 个参与人,共有 n 种战略选择,则就会形成一个战略组合,用 n 维向量来表示为: $s = \{s_1, \cdots, s_n\}$。

⑤支付:博弈论中的支付主要是指基于特定战略组合的,由参与人所得到的效用的水平。博弈的基本特点就是,对于一个参与人而言,其支付一方面要决定于其所做出的战略选择,另一方面还受到其他的相关参与人的战略决策的影响,对于全部的参与人的战略选择而言构成函数关系。

⑥结果(outcome):对于博弈分析者而言,结果是较为感兴趣的,例如,均衡行动组合、均衡战略组合以及均衡支付组合等。

⑦均衡(equilibrium):均衡表示参与博弈的所有人的最佳的战略组合,一般用 $s^* = (s_1^*, \cdots, s_1^*)$ 表示均衡。

2. 博弈的战略式表述

在博弈论里,可以选择两种不同的方式来表达博弈,一种方式是基于战略思维的表达,另一种是基于扩散思维的表达。对于这两种不同思维方式的表述而言,基本上是等价的,在本文中主要进行的是战略思维的表述。

①表示参与博弈的人的集合: $i \in (1, 2, \cdots, n)$。

②与每个参与人相对应的战略空间: $S_i, i = 1, 2, \cdots, n$。

③与每个参与人相对应的支付函数: $u_i(s_1, \cdots, s_n), i = 1, 2, \cdots, n$。

④一般的, $G = \{S_1, \cdots, S_n; u_1, \cdots, u_n\}$ 代表这个战略式表述博弈。

3. 博弈的分类

在对博弈问题进行分类时,可以选择多种不同的方法,不同的分类方法也就对应不同的求解方法。

①根据参与方之间是否联合,可以分为"协作博弈"和"非协作博弈"。在协作博弈中,多个博弈方组成一个共同的利益体,通过共同的参与合作来获取最大的联合利益,然后进行利益内部的分割;在非协作博弈中,各个参与者之间互相对立以争取各自的最大利益。

②根据参与者所获利的之和的特性进行划分时可以分为"非零和"和"零和"问题两种类型,在"非零和"问题中,对于参与方而言,其获利和损失之间不存在相等的关系,也就是说其代数和不一定为零。在"零和"问题中,一个参与者的获利的多少和另一个参与者的损失的多少是一致的。

③根据参与人选择行动的先后顺序的不同以及参与方对相关方的信息掌握量的不同,可以将博弈分为四种类型,具体见表6-1。

表6-1 博弈的类型及其均衡

信息	静态	动态
完全信息	完全信息静态博弈	完全信息动态博弈
	纳什均衡	子博弈精炼纳什均衡
不完全信息	不完全信息静态博弈	不完全信息动态博弈
	贝叶斯纳什均衡	精炼贝叶斯纳什均衡

静态博弈是指,所有的参与力在选择行动时是同时进行的,或者即使没有同时,但是后面的行动者对前面的行动者的战略选择并不清楚;动态博弈主要是指,在所有的参与人中间,参与方选择行动是有先后顺序的,而且后行动者掌握先行动者的战略选择。在完全信息博弈中,每一个参与人都掌握其他相关参与人的战略空间、特征以及支付函数等;在不完全信息博弈中,至少有一个参与人不了解其他参与人的相关信息。

④纳什均衡。纳什均衡是完全信息静态博弈解的一般概念,其定义为:在博弈 $G = \{S_1, \cdots, S_n; u_1, \cdots, u_n\}$ 中,如果对于每一个 i, s_i^* 是给定其他参与人选择 $s_{-i}^* = \{s_1^*, \cdots, s_{i-1}^*, s_{i+1}^*, \cdots, s_n^*\}$ 的情况

下第 i 个参与人的最优战略，即：$u_i\{s_1^*,\cdots,s_{i-1}^*,s_i^*,s_{i+1}^*,\cdots,s_n^*\}\geqslant u_i(s_1^*,\cdots,s_{i-1}^*,s_{ij},s_{i+1}^*,\cdots,s_n^*)$，对于任意 $s_{ij}\in S_i$，任意 $i,i=1,2,\cdots,n$ 成立；则称战略组合 $s^*=(s_1^*,\cdots,s_n^*)$ 是 G 的一个纳什均衡。

4. 产业集群创新生态系统的博弈特征

在一个产业集群创新生态系统中的各创新主体来说，他们不会都是理性的，在企业的创新过程中，他们对于是否进行创新并没有形成明确的决策。我国的产业集群企业大部分只是承担制造环节的分工，如果有一家企业进行技术创新而获得巨大收益，那么其他的企业就会去模仿。如果这家企业因技术创新而受到损失，其他企业也会在进行自主创新时引以为鉴。因此，这种情况对于演化博弈的分析框架而言十分适合。

第七章 区域技术创新生态环境系统的构建

第一节 区域创新生态系统的内涵

近年来,创新行为以及创新群落的生态学特征开始受到国内外学者的广泛关注。在国外学者中,Bertuglia 等(1997)研究发现创新行为具有时空特征,Athreye(2001)深入探索了创新行为与竞争之间的关系,Claver 等(1998)则揭示了组织文化对技术创新行为的影响机理。在国内学者中,李子和(1999)指出了高新技术创新群落具有典型的生态学特征,由此推测群居行为会诱发产业创新,黄鲁成(2003)也运用生态学理论来系统地研究了区域技术创新系统,刘友金等(2001;2002)则运用群落学分析了技术创新群落的具体组织形式及其创新优势等,罗发友等(2004)则以行为生态学为基础来研究了技术创新的形成与演化机理。从已有的研究成果可以看出,创新群落是基于地理靠近和产业关联,由相互联系和作用的创新组织构成的一种社会"生态群落",它具有与自然生态系统类似的一些特征。鉴此,本节将生态学的有关理论和方法与产业集群理论、创新系统理论相结合,对产业集群创新生态系统的内涵进行初步研究。

一、创新生态系统的定义

随着对产业集群研究的深入,人们发现有些集群在发展过程中出现了诸如生态恶化、信用下降、低水平恶性竞争、集群竞争力下降等现象。这促使人们开始从生态角度思考集群的未来发展,并使之成为当前研究的热点之一。本文在回顾了生态学理论之后,尝试将"创新"引入"生态系统"之中进行分析。但仍需强调的是,本文并非是把创新环境严格地比拟成生态环境,而是借助生态系统里的某些专业术语,来构建一套更明晰的创新网络理论。当前,已有很多学者从各自不同的角度给出了创新生态系统的相关定义,比较典型的定义如表 7-1 所示。

表 7-1　国内外学者对创新生态系统的相关定义

概念	相关定义	提出者
创新生态系统	作为一种协同整合机制,将系统中各个企业的创新成果整合成一套协调一致、面向客户的解决方案	Adner（2006）
创新生态系统	在一定的区域范围内,创新群落与创新环境之间,以及创新群落内部,相互作用和相互影响的有机整体	蒋珠燕（2006）
自主创新生态系统	创新主体为获得创新资源、提升自主创新能力,促使创新成果不断涌现,与研究和开发机构、政府部门、技术链关联企业、金融机构及其他相关的中介机构之间在长期合作与交流的基础上建立的彼此信任、互动互利的各种合作制度安排	陈丽（2008）
高科技企业创新生态系统	山高科技企业以技术标准为创新耦合纽带,在全球范围内形成的基于构件/模块的知识异化、协同配套、共存共生、共同进化的技术创新体系	张运生（2008）,张利飞（2009）等
城市创新生态系统	在一个特定的创新环境、特定的城市或地区、特定的要素（人才、资金、信息）组合,以及具有独特的战略、相互衔接的产业链形成的城市创新的战略生态系统	隋映辉（2004）
区域技术创新生态系统	在一定的空间范围内技术创新复合组织与技术创新复合环境,通过创新物质、能量和信息流动所形成的相互作用、互相依存系统	黄鲁成（2003）
产业集群创新生态系统	在某一地理区位中,以一个主导产业为中心,大量联系密切的创新组织以及相关支撑环境要素在特定空间上集聚,通过各种进化方式,持续不断地促进技术创新、知识创新、组织创新、制度创新,形成了具有自组织性和可调控性的创新网络系统	傅弈芳等（2004）

从表 7-1 可以看出，由于各学者研究的视角的不同，所给出的定义的侧重点也有明显差异，他们分别把创新生态系统看作"协同整合机制""有机整体""合作制度安排""技术创新体系""创新网络系统"等等，这显然具有局限性，不同程度地忽视了"创新生态系统"的生态学特征。作为生物圈的结构和功能基本单位，"生态系统"概念一般应包括以下四个方面的内涵：（1）空间和时间界限；（2）系统的基本组成；（3）系统的基本功能；（4）系统在功能上统一的结构基础和发展趋势。这才是对"生态系统"概念的全面、科学的理解。

在借鉴前人研究成果和生态系统理论的基础上，给出产业集群创新生态系统的一种定义："基于共同的创新目标，在特定地理区位和产业领域内聚集的各类，不同创新组织，彼此之间以及与其相关环境之间密切联系、相互作用，通过资金交换、知识传递和人才流动，成为具有特定空间、稳定结构和创新功能的动态平衡整体，称为产业集群生态系统（Industrial Cluster Ecosystem）。"

从上述定义可以看出，创新生态系统的实质就是相互联系的创新组织及其支持环境，通过一定的机制相互作用、彼此影响，并在这种机制的作用下完成能量的循环和知识、信息的流动。在创新的过程中，创新组织与其相关组织不断地产生联系和资源交换，并向网络化与系统化的新型组织模式不断进化。

构建创新生态系统旨在于破解当前创新环境下，技术创新的不确定性、自组织创新能力的有限性以及创新资源的稀缺性三者之间的突出矛盾，来引导创新组织更好地利用外部创新资源来强化核心技术，以实现创新目标。此外，构建创新生态系统还可以从整体上提高创新网络的风险抵抗力和竞争力，所有系统成员最终都将从中获益。

二、创新生态系统的特征

产业集群创新生态系统作为一种新型的创新网络系统，不仅具有创新网络的一般特征,同时它还具有以下几个重要特征。

(一)创新生态位分离

创新生态位的分离是创新生态系统建立的基础。创新生态位是指在特定区域内,创新组织对各类创新资源的利用和对环境适应性的总和。当两个创新组织使用相同的创新资源或者占有相同的环境变量时,创新生态位就会出现重叠,竞争就随之而来。最终由于这两个创新组织无法占据相同的创新生态位,从而导致创新生态位发生分离。跟自然生态系统一样,创新组织的创新资源、产品类别和市场基础越相似,创新生态位重叠程度就越高,他们之间的竞争就越激烈。所以创新组织必须开发与其他组织有差异的生存技能,找到最能发挥自身优势的位置,成功实现创新生态位的分离。事实上,成功的创新组织总能够找到一个合适自己的创新生态位。创新生态位的分离在降低了竞争的同时,还为创新组织之间的功能耦合创造了有利条件。

(二)系统边界的模糊性

创新生态系统具有模糊的边界,呈现出网络状结构。创新生态系统具有模糊的边界,主要体现在两个方面:一是每一个创新生态系统内部包含着众多的小创新生态系统,同时它本身又是更大的一个创新生态系统的一部分,也就是说,其边界可根据实际需要而定;二是某一创新组织可同时存在于多个创新生态系统生存。例如,飞利浦不仅和美国电话电报公司进行光电技术方面的合作创新,还和德国西门子公司合作技术创新统一的电话系统。

(三)系统动力的内部性

创新生态系统的动力并非来自外部系统或系统的顶层,而是来自系统内各要素或子系统之间的相互作用。按照协同学的基本思想,它们通过子系统自发的相互作用,并产生了系统规则。可以看出,复杂性模式并非产生于外部指令,而是产生于低层次子系统彼此之间的竞争和协同作用。通过竞争和协同,系统内各子系统将一些明显的竞争趋势进行优势化,从而控制着整个系统从无序向有序发展。作为一个复杂的系统,创新生态系统内的各种创新组织在一定的规则下,通过自我管理和低层次的相互作用,推动着创新生态系统逐渐向高层次有序进化。

(四)系统成员的多样性

对创新生态系统而言,系统成员的多样性至关重要。多样性是一个生态学的概念,生态系统内的各种生物在环境中各自发挥着不同的重要作用,物种和物种之间、生物和环境之间形成了很多完整的食物链和复杂的食物网,生态圈内构成了一个物质与能量流动的良性循环,一旦食物链出现断裂,系统功能将无法正常发挥。与自然生态系统相同,多样性对创新生态系统而言也是不可或缺的。一是创新组织的多样性为其应对环境的不确定性起着一个缓冲作用;二是多样性对创新生态系统的价值创造很有帮助;三是多样性是创新生态系统实现自组织的前提条件。

(五)优势物种的重要性

关键成员对维持创新生态系统的健康至关重要。在自然生态系统中,按照各物种的作用可将其分为四类:伴生种、偶见种、优势种以及亚优势种。其中,优势种是占主导地位的物种,它对整个群落都有很强的控制力,如果优势种消失,将不可避免地导致群落性质和生态环境的明显变化。同理可知,在创新生态系统里,优势种作为系统的关键创新组织,承担着抵抗系统外界干扰的重要责任,它是应对外界干扰的缓冲器,有力地维护着创新生态系统的结构、生产力和多样性不受破坏。

(六)系统的自组织特征

创新生态系统具有自组织的特征,并通过自组织不断进化。创新环境在不断地变化着,对于创新生态系统来说,只要条件满足,自组织就不会停止,也会一直随环境不断进化。

三、创新生态系统的比较分析

虽然创新生态系统与自然生态系统有很多相似之处,但两者之间的差别更大,因此创新生态学的独立学科性毋庸置疑,它并非一般生态学在创新领域的简单应用。与生物界个体相同,创新系统的各节点也必须适应所处的生态环境,其发展进化都要受到环境的制约。创新生态与自然生态之间又千差万别,主要表现在:

(一)创新生态系统具有人工性

自然生态系统没有人工性的特征,它只是在自然规律的引导下开展自维持和自调节运动。创新生态系统自身具有目的性和可控性等特征,因而具有很强的人工性:①目的性。作为一种人工系统,创新生态系统是为了实现某种目的而建立的,其行为并非完全自然化。这种目的性就导致了创新系统内各因素存在各种特殊联系,并决定了各创新资源的特殊聚集模式。创新系统能按照各自目的与实现程度的差异来调整各种因素的联系频度与方式,以逐渐适应外部环境的动态变化。②可控性。作为一种人工系统,当创新生态系统的功能开始减弱或无法适应外部环境变化时,能采取相应手段对其实施改造,来恢复或强化系统的既有功能,创新生态系统的这种可控性就是系统人工性的真正体现。

(二)创新生态系统可跨区域利用生态资源

对自然生态系统而言,大多数生物往往栖息在某一特定环境之中,可供利用的生态资源仅限该地区。创新生态系统则明显不同,它能够跨区域来配置和利用创新资源。对于产业集群来说,资源外取是其重要的一种创新战略,只有把不同地区的优势创新资源集成起来,为我所用,才会获得良好的创新产出。每个产业集群有其自身的特殊性,所在区域成立时间、群内企业发展情况以及相关政策千差万别,所以它们对创新资源的拥有量和需求程度也各不相同,但每个产业集群都不同程度地存在创新资源不足的问题,这就需要产业集群与所在区域配合,促使创新各节点不断拓展创新资源空间,尽可能实现资源的集成和有效利用。

(三)创新生态系统对环境产生反作用

集群的创新过程会对集群所处的环境产生一定的反作用,这一点与自然生态系统有显著区别。创新生态系统的发展不仅在于要适应环境,而且更为重要的表现为主动改造集群的创新生态环境。创新的发展,必然要求政府的政策符合继续创新的目的,建立科技企业公共服务平台等。同时,通过产业集群的创新活动,也使集群的交通、通讯、教育等更加完善,向更有利于创新的方向发展。

(四)创新生态系统构成要素的内涵不同

创新生态系统由许多要素构成,要素间的有机组合才能构成完整的创新生态系统。因此,有必要对创新生态系统各要素做一个准确的界定。本文通过借鉴和对比自然生态系统中各要素内涵的方式来进行界定,具体如表7-2所示。

表7-2　自然生态系统与创新生态系统各构成要素比较

自然生态系统要素	内涵	创新生态系统要素	内涵
生物个体	完整的具有生长、发育和繁殖等功能的生物有机体	创新组织	独立的个体创新单位,如企业、高校、科研单位等机构
物种	在生物圈内,具有相同基因频率,形态和生理特征的生物个体的集合	创新物种	在产业集群中,具有相似资源能力和产品的创新组织的集合

续表

自然生态系统要素	内涵	创新生态系统要素	内涵
种群	在一定时空内,同一物种的个体的集合体,是物种存在、繁殖、进化的基本单位	创新种群	在一定的地域内,具有相同资源能力、技术创新技术及同类产品的创新实体的集合
群落	在特定生态环境下,各生物种群与环境相互作用相互适应,形成的具有一定结构和功能的生物集合体	创新群落	特定时空内,各创新种群与环境相互作用相互适应,形成的具有一定结构和功能的创新个体集合
生态系统	在一定时空内,生物群落与环境之间不断进行物质、能量和信息交换而形成的统一体	创新生态系统	在一定地域内,产业集群与环境相互作用而形成的具有内在创新能力与外在创新条件、协调互动的统一体
生产者	利用简单的无机物制造食物的自养生物	创新主体	利用各种资源进行技术创新的创新个体的总称,如企业、企业群等
消费者	为了维持及繁衍生命而消化或吸收有机物的生物体	创新成果消费者	吸收、使用创新成果的各种创新型组织,如集群内技术引进、吸收型的企业
食物网	生产者所固定的物质、能量通过一系列的取食和被食关系传递而形成的网络关系	创新网络	各创新种群通过生产和使用技术创新成果而形成的创新技术传递与对接关系
生态位	在特定时空内,一个生物单位对各类资源的利用和对环境适应性的总和	创新生态位	在特定区域内,创新组织对各类资源的利用和对环境适应性的总和
生态环境	生物个体和群体生活的具体生态环境	创新生态环境	创新主体所处的具体创新生态环境,如区域人文环境、基础设施、政策环境等
能量流动	能量在生态系统中的流转	能量流动	能量在创新系统中的流动
物质流动	物质在生态系统中的流转	创新成果流动	创新成果在创新生态系统中的流动
信息传递	信息在生态系统中的流转	知识传递	创新知识在创新生态系统中的流动

续表

自然生态系统要素	内涵	创新生态系统要素	内涵
进化	在一个种群中导致延续多代的可遗传性变化过程	渐进性创新	创新个体通过渐进性创新而取得技术上的进步与完善
突变	物种遗传物质的可遗传性改变	根本性创新	创新个体通过根本性创新获得技术上的重大突破,导致产业组织跨越式发展
协同共进	为适应环境,各种群通过相互作用相互适应而共同进化	协同创新	在外部环境或内部因素的作用下,各创新个体既竞争又合作,协同发展

资料来源:傅羿芳,朱斌.高科技产业集群持续创新生态体系研究[J].科学学研究,2004,12(22):128-131.

第二节 创新生态系统的结构与关系

一、创新生态系统的结构分析

产业集群并不是指表面上所体现的企业扎堆现象,而是供应链的各个企业基于一种特定的组织关系所形成的一个有序体系。这样集群内部的各个主体之间通过正式和非正式的关系可以在技术、市场、设计以及信息和培训等方面实现一定的资源共享,风险共担,从而获得较强的集群创新效率。

(一)正式创新网络结构

集群的正式关系网络主要是指集群主体之间进行正式的互动,广义上来理解就是具有一定的公开性,通过这种途径进行传递的资源都具有显性知识的特点,这些资源有助于创新的开展。集群的正式网络的结构如图 7-1 所示。

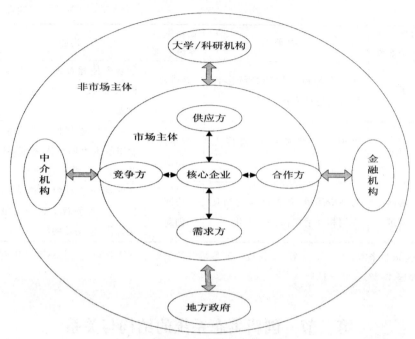

图 7-1   产业集群的正式创新网络结构

在图 7-1 中,企业既是市场活动的主体,也是技术创新的主体。这些企业之间生产、销售或者消费产品,彼此之间形成复杂的联系,从而形成市场网络。图中的核心企业主要是指从事技术创新活动的企业,它与供应方和需求方之间形成纵向的产业关系,而与竞争方和合作方之间构成了横向的关系。需要指出的是,当换个角度来看时,供应方、需求方、竞争方、合作方等也可能是其产品的生产者,当研究这些主体的技术创新时,他们也属于核心企业。那些不进行商品生产和销售的主体属于非市场主体,主要包含政府机构、大学及科研机构、中介机构、金融机构等组织,这些机构和市场活动主体之间存在一定的关系,并对其技术创新产生影响。可以看出,产业集群创新网络的主体具有多样性,这些企业之间既存在横向的相互竞争关系,又存在纵向的相互合作关系。这些从事市场活动的多个企业主体聚集在一个地区,彼此相互作用,对技术创新具有很强的推动作用。

（二）非正式创新网络结构

产业集群的非正式网络主体有很多种，诸如政府组织、大学、研究机构、中介机构、金融机构等，这些组织不直接参与生产与销售活动。对于每个环形通道的个体来说，都处于产业链中相同的环节上，但也有可能是相同行业内的合作者或者竞争者。对于跨组织的知识流动的个体而言，虽然是来自产业链上的不同环节，但其工作性质却非常类似，因此他们有着非正式交流网络。

政府机构、中介机构、金融机构等机构虽然没有直接参加创新活动，但是他们和企业存在千丝万缕的联系，可以为企业的创新提供服务或物质支持，他们与企业之间的跨组织交流，有利于提升企业的创新绩效。

二、创新生态系统的成分分析

产业集群创新生态系统的生物成分实际上是指产业集群创新活动的主要参与者，即创新主体。创新主体是具有创新能力并实际从事创新活动的人或社会组织。

在创新领域中，创新主体应满足以下几方面特征：①具有对创新活动自主的决策权；②具有进行创新活动所要求的能力；③承担创新活动的责任与风险；④获取创新活动的收益。熊彼特在创立其创新理论时，创新主体主要是指企业家，范围显然过于狭窄。

当将创新作狭义理解，即技术创新时，一般认为企业是创新主体。如果广义地理解创新，那么在国家创新系统中，还可以把政府作为制度创新的主体，把研究机构和大学作为知识创新的主体。因此，创新领域是广阔的，创新主体是多元的，人们可以用不同的标准对创新主体进行分类。

如果按照创新主体在进行创新活动时所采取的形式来分类，可以分为个体主体、群体主体和国家主体；如果按照创新主体所完成的创新内容来分类,可以分为理论创新主体、技术创新主体、制度创新主体、文化创新主体等。不同的创新主体应该具备不同的创新素质,而创新素质的高低又往往直接决定其创新能力的强弱。因此,研究创新主体的问题,努力提高各类创新主体的素质,成为提高自主创新能力的关键性因素。

产业集群的生物成分(或创新主体)主要包括政府、企业、大学、科研机构、金融机构和中介机构,各个生物成分借助产业集群这个载体,通过资金流、物资流、信息流、知识流、人才流、政策流的汇集和转化,共同促进产业集群创新能力的提升,如图 7-2 所示。

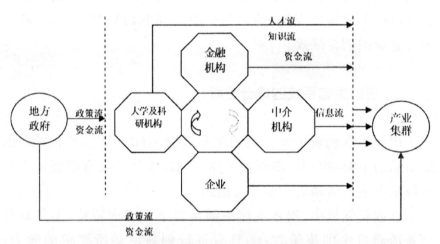

图 7-2 产业集群创新生态系统各生物成分的作用

资料来源:薛捷,张振刚.科技园区的创新链、价值链及创新支持体系建设[J].科技进步与对策,2007,24(12):58—61.

从图 7-2 可以看出,政府、企业、大学、科研机构、中介机构和金融机构等创新主体各自发挥着不同的作用,它们通过融入产业集群的创新链和价值链之中,在长期正式或非正式的合作与交流的基础上,共同推进产业集群创新能力的提升。它们在产业集群创新生态系统的定位分析如下。

(一)政府——制度创新主体

政府主要提供政策支撑,一般通过资金流和政策流的形式来对产业集群内创新主体的创新活动进行扶持和推动。当前,我国的市场机制还不够完善,因此政府机构在产业集群创新活动中的作用就显得尤为重要,它为创新活动提供了良好的政策环境、资源环境、法律环境以及资金支持。政府应当进一步明确自己的角色,充分发挥宏观调控、法规监控、政策引导、财政支持、资源提供、服务保障、利益分配等作用。此外,当产业集群的创新活动不是特别活跃时,政府还能够作为另一个核心创新主体,直接参与产业集群的创新活动之中。

(二)企业——技术创新主体

企业是一切创新的出发点和落脚点,它是技术创新的实施主体,主要为产业集群提供物资流和资金流。产业集群是由众多生产经营同类产品的企业构成的,企业作为一个以营利为目的生产经营组织,它具有市场竞争的外部压力和技术创新的内在动力。企业热衷于在深入了解市场需求的基础上,积极进行技术开发,并将其与生产和营销服务有效地结合起来,实现全过程的技术创新来获取超额利润。

(三)大学和科研机构——原始创新主体

大学和科研机构是产业集群生态系统人才流和技术流的源泉。作为非营利组织,大学的首要职责是知识传授、培养人才,其次才是进行科研探索。大学直接参与了新知识和新技术的创造技术创新、传播和应用,在整个产业集群创新生态系统发展中显现出了很强的"溢出效应"。因而,大学为产业集群创新生态系统提供了创新来源,它是产业集群知识、技术和人才的主要供给者。与大学类似,科研机构也是前沿技术与基础研究的重要力量。过去很多企业都设有独立的技术技术创新部门,因而企业与社会科研机构并没有很深的联系。在国家实施知识创新工程之后,科研机构陆续进行了企业化改制,开始转向从事基础研究和前沿高技术研究,因此可以为企业的创新活动提供服务和帮助。

（四）中介机构——创新服务主体

中介机构是创新主体之间信息沟通及中介服务的主体。中介机构是技术供给方和应用方的连接桥梁和纽带，为创新主体提供社会化、专业化的技术咨询服务。它在创新生态系统中发挥着沟通、支撑、促进、整合、扩散的作用，对加速创新知识和技术的扩散以及科技成果的转化具有重要意义。中介机构大致可分为公共服务机构和集群代理机构两种。

1.公共服务机构

它主要由技术交易机构、人才中介、会计师事务所、律师事务所、咨询机构等构成。公共服务机构为集群的创新活动提供各种资源的载体，技术市场为技术扩散和应用、创新成果转化提供信息平台，对提高创新效率有重要意义；人才市场可以解决创新活动中的人才流动问题，为创新人才的合理配置提供保障；会计师事务所、律师事务所等为创新组织提供财务、法律等方面的咨询。

2.集群代理机构

集群代理机构又可分为行业协会、企业家协会和技术交流协会等创新服务组织。集群代理机构通过定期或非定期的会议和活动，可以加强人员交流。由于地理上的接近，可以使人员交流的频度和强度得到提高，使信息能够有效地共享。更为重要的是促进未编码的信息传递，使集群外看来是秘密的信息成为集群内公开的知识。

（五）金融机构——创新投入主体

金融机构是产业集群技术创新资金的提供主体。金融是现代经济的核心，产业集群及其科技创新的发展离不开金融的支持，良好的金融环境和发达的金融市场是实现产业集群蓬勃发展、大幅提高科技创新能力的基础和保障。如果"科技"是企业这个生命体的"心脏",那么"金融"则为这个生命体提供了新鲜的"血液"。"科技"和"金融"的有机结合,可以为企业建立良性的循环系统。作为产业集群创新生态系统的重要组成部分,金融机构的最大优势在于提供创新生态系统所必需的资金和物质。金融机构主要由银行金融机构、非银行金融机构和创投机构这三部分组成。

1. 银行金融机构

银行金融机构是指在我国境内设立的商业银行、城市信用合作社、农村信用合作社等吸收公众存款的金融机构以及政策性银行。

2. 非银行金融机构

非银行金融机构主要有三类:一是由银监会负责监管的信托公司、金融租赁公司、金融资产管理公司、财务公司等机构;二是由中国证监会负责监管的证券公司、基金管理公司、期货经纪公司等机构;三是由中国保监会负责监管的财产保险公司、人身保险公司、再保险公司、保险中介机构以及保险资产管理公司等。

3. 创投机构

创投机构主要为新创高科技公司提供融资活动,与一般的投资机构不同,创投机构不仅投入资金,还运用它们长期积累的经验、知识和信息网络帮助企业管理人员更好地经营企业。

三、创新生态系统的关系分析

1984 年,弗里曼出版了《战略管理:利益相关者管理的分析方法》一书,明确提出了利益相关者管理理论。与传统的股东至上主义相比较,该理论认为任何一个公司的发展都离不开各利益相关者的投入或参与,企业追求的是利益相关者的整体利益,而不仅仅是某些主体的利益。事实上,利益相关者理论对企业的技术创新活动同样具有现实的指导意义。鉴此,本节运用利益相关者理论,来对产业集群创新生态系统各生物成分的利益关系进行深入剖析。

根据利益相关者理论,在产业集群创新生态系统中,所有利益相关者都对创新活动注入了一定的专用性投资,同时也分担了一定的风险,或是为企业的创新活动付出了代价,因而都应该享有企业创新成果的收益权。在产业集群创新生态系统,政府、企业、大学、科研机构、中介机构和金融机构等创新主体各自发挥着不同的作用,也有各自不同的利益。下面选择企业和政府两个创新主体作为研究重点,来分析它们与其他创新主体之间的权力关系和利益关系,具体结果如图 7-3 所示。

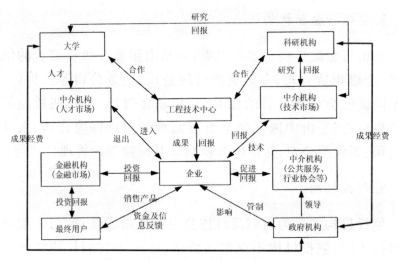

图 7-3 创新生态系统各种主体关系图

(一)企业

企业是创新生态系统的核心主体,它与其他所有主体都有直接或者间接的关系,其他主体对它的作用是创新生态系统的创新能力的集中体现。它被政府在政策、税收、金融、财政、法律、专利等方面进行管制,同时也被政府的政策制定;生产力促进中心、孵化中心等机构可以促进企业的发展,也从企业得到回报;企业把产品销售给最终用户,最终用户反馈意见和需求给企业,使企业不断创新、发展;金融机构投资给企业,从企业的运营成功得到回报;工程中心提供技术给企业,也能得到回报;人才从人才市场进入企业,也可以从企业退出,到人才市场;技术市场提供技术给企业,也从企业得到回报;大学通过人才市场、工程中心和技术市场对企业产生影响,也可以直接产生影响;科研机构主要通过工程中心和技术市场对企业产生影响,也可以直接产生影响。大学和科研机构都能促进企业的发展,同时从企业得到的回报也可以加速它们自身的发展。

(二)政府

政府主要起宏观管理和管制的作用,政府领导生产力促进中心、孵化中心等机构并促进企业的发展。政府制定的各种政策以及对其他主体的投入对各个主体的发展、创新有非常重要的作用,其他主体都要受到政府政策的约束,政府的政策是重要的环境因素。

(三)大学

大学不但提供人才给人才市场,同时与工程中心有充分的合作,还把研究成果提供给技术市场并得到回报。当然大学也可能直接与企业有联系,甚至可能创办企业。

(四)科研机构

科研机构与工程中心有充分的合作,还把研究成果提供给技术市场并得到回报。当然科研机构也可能直接与企业有联系,甚至可能创办企业。

(五)中介机构

生产力促进中心、孵化中心等中介机构促进企业的发展并得到回报,同时接受政府的领导;人才中介机构主要从大学得到人才,人才在人才市场与企业之间有健全的进入和退出机制;科技中介机构分别从大学和科研机构得到研究成果并给予回报,然后提供技术给企业,从企业得到回报;其他中介机构包括专利事务所、科技信息服务机构、科技咨询评估机构、成果推广与科普网络和行业技术协会,它们为其他主体的良好运作提供必要的支持。

(六)金融机构

金融机构接受各种资金提供者包括最终用户(因为最终用户也是资本拥有者)的资金,并投资到企业得到回报,然后转给最终用户等资金提供者。

(七)最终用户

最终用户是企业产品的销售对象,他们产生的需求是直接驱动企业创新的动力。他们也投入资金到金融机构并得到回报,而且也影响企业的发展。

第三节　区域创新生态系统的结构设计

创新生态系统的结构主要指构成创新生态诸要素及其量比关系,各组分在时间、空间上的分布,以及各组分间能量、物质、信息流的途径与传递关系。生态系统结构主要包括空间结构和时间结构两个方面。

一、创新生态系统的空间结构

从组织生态学的角度出发,产业集群创新生态系统可以分为创新组织、创新种群、创新群落和创新生态系统四个层次,如图 7-4 所示。

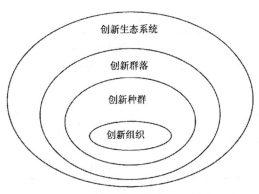

图 7-4 产业集群创新生态系统的构成层次

(一)创新组织

集群创新生态系统的创新组织是指创新生态系统内的所有创新主体。这些创新组织是创新生态系统存在的基本单位,具有生长和进化的特性,能够对外部环境的变化发生反馈,自主地适应环境变化,不断更新。如前一节所述,产业集群创新生态系统的创新组织主要包括政府、企业、大学、科研机构、金融机构和中介机构。

(二)创新种群

集群创新种群是产业集群内部由同质的一群创新组织构成的集合,创新种群内部的创新组织必须具有相同(或相似)的特征。产业集群创新种群具有一定的空间格局,种群内部的创新组织间通过各种关系有机地结合起来。一般情况下,创新组织的发展总能形成创新种群,以创新种群的形式生存、繁衍和扩张,创新组织以种群的整体形式与生态环境发生各种关系。按照产业集群创新生态系统各创新组织的关系,在创新过程中功能的不同来进行划分,将这些创新组织分别归入五个不同的创新种群——原始创新种群、技术创新种群、创新服务种群、创新投入种群和制度创新种群。每个创新种群都由一些主体构成,如表 7-3 所示,部分种群之间有一定的含义。

表 7-3　产业集群创新生态系统创新种群及其创新组织

种群	所包含创新组织	功能定位
原始创新种群	大学、科研机构	原始创新
技术创新种群	企业	技术创新
创新服务种群	政府、中介机构	服务创新
创新投入种群	企业、金融机构、政府	创新投入
制度创新种群	政府	制度创新

①原始创新种群。主要包含大学和科研机构这两种创新组织。大学是新知识汇聚和高水平人才聚集的地方,其不仅起着培养人才、生产和传播知识的作用,而且具有涉猎世界科技前沿、研究气氛浓厚、学科交叉渗透和科研设施较好等优势,因而有较强的原始创新和综合创新能力。原始创新种群的主要功能有:向制度创新种群提供战略性和前瞻性的研究成果;向技术创新种群供应原创性技术;向创新投入种群提供创新创业人才,以不断产生新企业或新的经济增长点。

②技术创新种群。技术创新组织主要是企业和由企业发展而来的企业联盟。在新形势下企业发展要由重点扩大生产能力转向重点提供创新能力,以不断增加拥有自主知识产权的技术,从而取得竞争优势。技术创新种群的主要功能是:吸纳主要来自原始创新种群的原创技术,将其工程化成产业技术,进而设计、生产和销售产品,从而体现创新活动的市场价值;支持和参与原始创新种群的创新活动,以扩大原创技术的来源;吸纳社会的"创新资产",以增强科技实力。

③创新服务种群。主要包含政府和中介机构这两种创新组织。创新服务种群以促进知识、技术转移为目标,通过促进各创新组织之间有效的沟通和互动,实现信息、人才、知识、技术和资金等资源的流动与共享,提高各创新组织的创新能力。该系统为原始创新种群、技术创新种群和创新投入种群的良好运作提供了必要的支持,使它们能够发挥最大效用。

④创新投入种群。主要包含企业、金融机构以及政府。多元化的创新投入系统以政府投入为引导,企业投入为主体,金融机构投入为补充。创新投入种群的功能主要体现在通过地方财政投入及其他经济手段,促使企业和金融机构的资金投入合理配置,并产生倍增的效果,形成对集群创新的持续支持和社会资源的有效动员。

⑤制度创新种群。制度创新种群是以政府为主体,以制度创新和环境建设为重点,充分发挥政府的组织领导作用。一是制定和完善促进科技创新的各项政策措施,为区域创新提供宏观导向和高效运行的软环境;二是加强基础设施建设、合理配置创新资源,为区域创新提供优良的硬环境和优质服务;三是协调各创新主体间的关系,推进官产学研金介的结合和良性互动。政府制定的政策既是创新生态系统的环境条件,也是政府作为创新生态系统的制度创新主体,实现其作用的主要手段。

(三)创新群落

创新群落是指在特定时间空间内,有几个不同类型的创新种群有机结合而成的集合体,是产业集群创新生态系统的生物成分总和。创新群落的性质是由组成群落的各创新种群的环境适应性以及这些创新种群彼此之间生物相互关系所决定的。创新种群的相互关系和适应性决定了创新群落的结构、功能和多样性,集群创新群落就是各个创新种群彼此适应以及适应外部环境的过程的产物。集群创新群落将形态和功能特征各异的不同创新种群有机地集成在一起,使创新种群间能够共享资源、优势互补,从而提供一个稳定有利的创新环境。如图 7-5 所示,产业集群的创新群落是由原始创新种群、技术创新种群、创新服务种群、创新投入种群和制度创新种群五个种群相互作用、有机构成的。产业集群内有大量的创新群落,每个创新群落都有其各自不同的结构和功能。

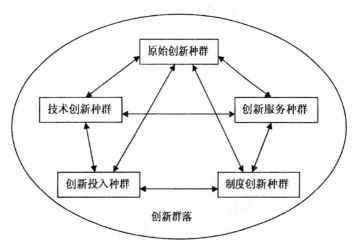

图 7-5　产业集群创新群落的结构示意图

(四)创新生态系统

产业集群创新生态系统是在一定区域范围内,具有创新群落特性的产业集群与其所处的生态环境组成的具有一定结构、层次和功能的生态系统。产业集群的生态环境包括产业集群周围的生物和非生物环境,一般所说的产业集群所处的环境主要是指非生物环境,大致包括经济生态环境、自然生态环境、科技生态环境、文化生态环境等。

各种创新组织之间在长期的正式或非正式的合作与交流,构建了产业链条上各企业之间及企业和高等学校、科研院所、中介机构、金融机构、政府机构之间相对稳定的联系网络,把创新主体企业和其他各次要参与者的创新活动联系起来,并将各个创新组织的不同功能相互整合,进而实现集群的自主创新和产业升级。

原始创新种群、技术创新种群、创新服务种群、创新投入种群和制度创新种群是产业集群创新生态系统中的五个种群,它们有各自的生态位和功能。技术创新种群占有市场;原始创新种群拥有大量的人才、知识储备,是新产品、新技术的提供者;创新服务种群拥有创新技术和产品的扩散渠道,并且是连接其他组织的纽带;创新投入种群占有资金;制度创新种群占有调控权。在产业集群创新生态系统中,这几个创新种群的生态位没有发生重叠,每个种群都有各自的特点和优势,它们结合在一起能够实现优势资源的互补。

二、创新生态系统的时间结构

产业集群创新生态系统在发展过程中,为了适应环境和资源的变化而处于的不断变化的状态,也就是产业集群创新生态系统空间结构的动态演化过程。产业集群创新生态系统在外部环境的作用下,会经历形成阶段、发育阶段和成长阶段这三个阶段的动态演变过程,如图 7-6 所示。

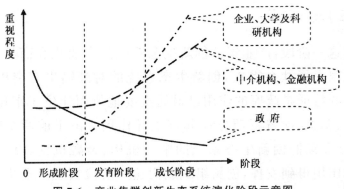

图 7-6　产业集群创新生态系统演化阶段示意图

资料来源:陈理飞,曹广喜,李晓庆. 产业集群创新生态系统演化分析[J]. 科技管理研究,2008,(11):228－230.

(一)形成阶段

这一阶段是产业集群创新系统的构建时期,其组成要素并不完整,产业集群创新生态系统的建立要靠政府推动,企业、大学和科研院所虽然都进入了创新领域中,但其科研开发力量仍是分散、无序的,合作创新是脆弱、随机的,市场作用还很不突出,中介机构和金融机构很不健全。同时,在产业集群创新生态系统的形成阶段,构成产业集群创新生态系统的许多基础设施还很不健全,需要政府进行投资与建设。

(二)发育阶段

这一阶段开始由政府单独推动技术创新逐步转变为向市场多元主体共同推动技术创新,企业、大学与科研机构之间的联系在市场作用下进一步加强,中介机构和金融机构得到较大发展,创新组织与创新生态系统的实力得到增强,表现为新产品不断涌现,引进基础上的消化吸收和国产化水平不断提高,企业技术改造速度加快,经济得到较快增长和人民生活水平得到较快改善。这一时期的特征是市场和政府共同推进技术创新。例如,现阶段,我国大部分地区的产业集群创新生态系统建设就处于这一阶段。

(三)成长阶段

在这一阶段,产业集群创新生态系统的产业化和商品化水平基本上跟上了社会需求,创新生态系统的对外输出有突出份额。此阶段的特征是政府的作用已退居次要地位而让位于市场,市场在组织、调整、配置资源方面起着主导作用。由于前两个阶段的建设,产业集群创新生态系统的中介机构、金融机构和创新生态环境的作用得到发挥,创新组织成为这一阶段实现产业集群创新生态系统整体功能的核心。例如,西方发达市场经济国家的产业集群创新系统建设大多处于这一阶段。

在产业集群创新生态系统的演化过程中,产业集群创新生态系统演化的三个阶段之间必然存在着交叉和重叠,并不是完全分开和独立的。

第八章　区域技术创新生态环境系统治理机制

产业集群创新生态系统各创新主体之间在竞争合作过程中，不可避免地要受到整体互动模式的影响和一些规则的支配约束，这些规则就是治理机制。构建产业集群创新生态系统地方网络治理机制的最终目的在于推进集群创新，保持集群竞争优势，实现集群的可持续发展。本章首先构建基于多中心治理理论的产业集群创新生态系统治理结构模型，然后分别从约束机制、激励机制和协调整合机制三方面来研究产业集群创新生态系统的网络治理机制。

第一节　区域创新生态系统的治理结构

在当前的公共管理研究领域，多中心治理理论是一项崭新理论，它主张在公共事务管理过程中，政府与社会、市场、私人部门等之间应建立相互依赖、相互合作的关系，在政府之外寻找新的治理中心，来避免权力过于集中，以保证治理体系的活力和效率。

产业集群创新生态系统治理结构是创新生态系统内的组织结构、基于权力及权力分配属性的企业之间的关系，它是创新生态系统内各种主体在共同演化过程中相互博弈的结果。产业集群创新生态系统是以地

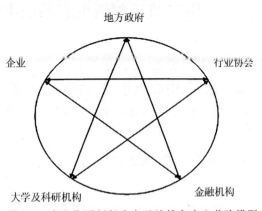

图 8-1　产业集群创新生态系统的多中心共治模型

方网络为基础的,地方网络治理应该依靠地方性力量,核心要素为地方企业、地方政府、中介机构(如行业协会)、大学及科研院所、金融机构(如创投机构)。鉴此,将尝试基于多中心治理理论来构建产业集群创新生态系统的共治模型,如图 8-1 所示。

从图 8-1 可以看出,产业集群创新生态系统的地方网络治理主要是通过地方企业、地方政府、中介组织、金融机构、大学及科研院所等地方性多中心主体的合作互动博弈来实现的,其主要目的在于协调产业集群创新生态系统内部关系,培育产业集群的竞争优势和创新绩效。

其主要含义如下:(1)地方企业、地方政府、中介组织、金融机构、大学及科研院所都是创新生态系统治理结构中的权益主体,多中心权威治理逐渐取代传统的单中心权力管制;(2)多中心主体必须在边界范围内享受权利,而不能破坏创新生态系统治理结构的力量均衡和相对稳定性;(3)多中心治理主体之间会相互作用,共同推动产业集群创新生态系统治理结构的合理化和高级化;(4)治理结构的动态演进可以规范创新生态系统各行为主体的行为。多中心主体之间的反复博弈会提高产业集群创新生态系统治理结构的效率,而合理的治理结构则又反过来推动集群创新绩效的提升。

第二节　创新生态系统主体功能定位

产业集群创新生态系统的地方网络治理主体主要有地方企业、地方政府、中介组织、公共机构、金融机构、大学及科研院所等六种,它们在系统治理中的功能定位是各不相同的。

一、地方政府的功能定位

虽然不同地方的政府在产业集群发展的介入阶段不同,但是地方政府在治理中的功能定位却基本相同,主要体现在以下两个方面。

(一)构建宽松的集群创新环境

提升集群的竞争力在很大程度上依赖区域创新环境的构建,政府一方面要加强硬环境的建设,既给集群内企业提供良好的生存发展环境,也可以吸引更多的企业尤其是技术管理先进的跨国公司的入驻,为产业集群的发展升级提供优良的硬件支撑;另一方面则是改善软环境,打造良好的地方制度环境、社会文化环境、机构环境以及市场环境。如通过改善制度环境,为创新主体的发展创造一个适宜的制度环境;通过改善社会文化环境,引导并造就集群创新主体间的"信任"的氛围,增强创新网络关系的稳定性和根植性;通过改善金融机构、行业协会、孵化器、事务所等组织的机构环境,为产业集群创新生态系统的发展特别是科技型中小企业提供良好的公共服务平台;通过改善市场环境,建设和维护市场信用,加强市场监督,使集群创新主体在信任的创新环境下竞争与合作。

(二)激活其他创新主体的治理功能

产业集群创新生态系统的治理是一种多中心的动态结构,离不开企业、中介机构、大学及科研院所、金融机构等其他相关利益主体的参与,因此地方政府还必须承担激活其他治理主体治理功能的职责,主要表现在以下几点。

(1)通过产业政策、税收优惠政策、科技政策等各种方式激发企业的创新热情,充分发挥企业家在集群创新生态治理过程中的重要作用,积极传播企业家精神的价值理念。

(2)通过法律手段来确立行业协会等中介组织机构的市场主体地位,为产业集群的创新活动提供信息传递与服务平台。

(3)通过财政支持和科技政策等手段,引导大学及科研机构参与集群内的产学研合作,为产业集群的创新升级提供专业知识、技术培训、技术人才等高级生产要素,提升知识资源的利用效率,挖掘其附加价值。

(4)通过健全企业信用评级制度和融资担保体系来进一步完善产业集群金融服务体系,引导金融机构积极参与破解集群内中小企业的融资瓶颈,积极引导资金注入产业集群的创新活动之间为集群内企业提供各种金融信息服务。

(5)大力引导产业集群融入全球价值链。一是积极开展全球范围的区域营销,为产业集群的发展升级提供创新支持政策;二是协同集群内企业、行业协会等相关治理主体一起了解产品质量标准、技术流程标准、国际社会责任标准等,积极应对国际贸易摩擦、反倾销制裁等。

二、集群企业的功能定位

企业作为产业集群创新网络组织行为主体,其治理功能主要体现在以下两个方面。

(一)有效规避产业集群企业之间的机会主义

作为一个"经济体",实现利益最大化是集群企业的追求目标,它们有回避风险的内在冲动。当一些拥有大量稀缺资源的核心企业参与到产业集群的创新生态治理时,其他相关企业就不得不重新做出决策,选择以这些核心企业为中心来确定自己的发展方向。除了采用法律等正式契约来规范企业间的关系外,还可以通过声誉、社会惯例等非正式的治理机制来保障企业的自身利益。

(二)可以进行有效的创新激励

在网络关系中,各主体要想获取利益,仅仅依靠于自身所控制的资源是不够的,还取决于其他主体所控制的资源,以及整个网络组织对资源的整合能力。企业是产业集群的技术创新主体,是集群创新网络的基本节点,也是价值创造过程中的决定性因素。企业参与到产业集群的创新生态治理,能把网络组织的多中心治理与自身的层级治理充分结合起来,借此打造集群企业的竞争优势,强化企业间的资源共享与分工合作,并利用好政府与中介机构所搭建的公共服务平台。集群企业积极参与创新生态治理,使企业间的竞争合作更紧密,实现了资源的共享,集群的创新环境也得到优化。各治理主体在相互博弈中实现了各自的利益诉求,有效地激励了各治理主体,大学与科研机构的技术转化得以加速,地方政府也实现了产业集群的创新升级。

三、行业协会的功能定位

在产业集群中,行业协会是创新网络中的一个重要节点,是产业集群内中介组织的一个重要形式,是和集群企业、地方政府、大学及科研机构、金融机构相互依赖、相互作用的权力和利益主体,是产业集群创新生态治理中重要的治理主体。其治理功能主要体现在以下两个方面。

（一）促进行业自律,维护行业秩序

我国很多产业集群因为存在进入门槛低、技术含量不高易被模仿、产品更新速度快等问题,造成了集群企业的过度模仿。集群企业大多为中小企业,规模小发展时期不长,在激烈的市场竞争环境下,自身创新能力的先天不足使集群企业有很强的机会主义冲动,热衷于过度模仿。在这种条件下,价格战自然无法避免,为降低成本企业还可能主动降低产品品质或技术标准,由此进入了更为激烈的恶性竞争循环之中,巨大的市场失败风险也蕴含其中。为了避免这种情况,行业协会就可以结合行业特征,制定出台一些自律性的行业规则条例,来加强企业的自律,这在某种程度上就实现了创新失灵的治理。

（二）搭建平等的信息交流与共享的平台

实现各主体之间的沟通互动与对话交流是产业集群创新生

态治理的一项重要内容。行业协会作为一个中介机构,具有信息多、联系广、机制灵活等优势,可以通过参政议政、咨询服务、技术培训、举办展览会等形式实现政府、企业、机构以及外部组织之间的合作交流和知识共享,这些良性互动平台进一步优化了集群的发展基础,集群企业的技术能力和学习能力得以提升。地方政府、企业和行业协会在这种良性互动平台下制定了集群发展的行业规划和产业政策,夯实了产业集群的发展潜力。行业协会是企业利益的代表,这种独特的功能决定了行业协会对政策有较强的影响力;政府为了引导行业协会参与到创新生态治理之中,也会对行业协会给予大力支持。地方政府在制定集群相关政策和规划时也会事先在委托行业协会来征求汇集集群企业的意见。行业协会在与集群企业磋商后将最终意见反馈给地方政府,政府全面了解多中心主体的利益之后,就会出台契合集群发展需要的政策与规划。

四、科研机构的功能定位

大学及科研机构作为专业人才和知识技术的重要"摇篮",在区域经济发展中具有独特的作用,是地方网络中公共机构的典型代表,是产业集群创新生态治理的重要力量,其治理功能主要体现在以下两个方面。

(一)培育和创造高级生产要素,提升集群的创新生态治理能力

高级生产要素主要指技术型人力资本、专业知识等,它们是产业集群创新生态系统的竞争优势来源。在产业集群的发展过程中,大学及科研机构一方面持续生产和传播新的技术知识和管理理念,有力地提升了企业的技术创新能力,还增加了新企业的创业机会,对营造良好的集群创新文化环境发挥了重要作用;另一方面,大学及科研机构通过教育、实验和培训,向产业集群提供了源源不断的专业技术人才,还输送了一大批具有创业精神和经

营才能的企业家,极大地提升了产业集群的创新生态治理能力。以斯坦福大学为例,除了为硅谷的发展提供大量的智力资源并将专业技术知识转化为产品之外,它对硅谷的更大贡献还在于树立了"斯坦福创业企业"这种企业精神,极大地推动了硅谷产业集群的发展。

(二)各创新主体多中心连动,优化集群的创新氛围

产业界、大学及科研机构、地方政府等具有不同资源优势的创新主体进行合作交流形成的制度创新,是区域创新网络的基础,也是国家创新体系的有机组成部分。这种制度创新能够凸现企业、高校和科研机构的主体性,有利于改善产业集群的创新生态治理结构,不断优化集群的创新氛围,极大地提升了集群的创新能力。

以美国硅谷为例,高技术公司和研究型大学之间的互动合作是硅谷最主要的创新平台,地方政府对此也予以大力地支持。硅谷创新集群主要以斯坦福大学、加州旧金山医学院、加州伯利克分校等研究型大学为中心,大量的创业型企业集结在它们周围,仅加州旧金山医学院周围就聚集了168家生物技术公司,信息技术与生物技术创新系统就此形成。这些研究型大学积极参与到硅谷产业的创新活动之中,成为硅谷高技术创新集群持续创新的动力源。

高技术创新集群能够提升高技术产业创新结构的适应性和弹性,硅谷中大量的生产技术公司和各类辅助性社会机构之间相互作用,形成了一个巨大的社群网络体系,它为产业集群各主体之间提供了从事技术创新和内部治理的各种动力和资源,从而引发了硅谷创新系统的强烈技术创新的集群效应和倍增效应。此外,产、学、研、政之间合作的深度、广度和密切度也是硅谷产业集群走向成功的重要原因。

五、金融机构的功能定位

由于创新过程中存在着较大的风险,需要金融机构如风险投资公司等的大力支持。金融机构作为集群创新网络的一个重要行动者,其作用不容忽视。其治理功能主要体现在以下两个方面。

(一)提供创新资源并改善创新环境

良好的金融支持可以促进产业集群的发展。一方面,金融支持能够促进新技术、劳动力等要素得到充分利用,解决技术更新、产能扩张及营运资金的不足,促进企业生产专业化和规模化。金融机构可以通过资金支持帮助小企业在创新中成长,改变自身的地位,获得创新的内在动力,进而使产业集群的整体创新速度得以加快。另一方面,金融机构还能完善集群内的服务网络和基础设施,提升产业集群的生产效率和集聚能力。

(二)通过投资引导来避免产品恶性竞争

金融机构自身具有很强的逐利性,因此它可以协助市场机制来发挥自动调节的作用。金融机构会对投资项目进行主动地识别和筛选,对集群内不同的企业会实施差别化的支持,这就有效地避免了集群企业间的产品同质化,恶性竞争得到遏制,在其引导下产业集群经济结构也不断优化,经济系统性风险也随之降低。另外,金融资本的进入还能促进企业的繁衍和有序竞争,随着企业的不断自我强化,集群的规模化水平进一步提高。

第三节　创新生态系统的治理机制

产业集群创新生态系统多中心治理机制主要表现为自发的多中心参与和持续互动,其要实现的主要目标有三点:(1)防止多中心主体利用相互之间的契约不完全和信息不对称来谋利,降低机会主义所带来的风险;(2)防止合作者因自身利益的激励问题而扭曲合作行为,终止战略伙伴关系;(3)制约与调节多中心合作主体,使他们同步互动并有序协作,从而使组织行为与其战略目标相一致。与这三个目标一一对应,本文将其归纳为约束机制、激励机制和协调整合机制这三种不同方式的治理机制,它们都能够在一定程度上发挥对集群创新生态的治理功能,降低集群创新的风险。

一、创新生态系统的约束机制

约束机制是对集群创新生态系统内部违约者的惩罚制度,通过约束机制直接对系统成员的行为做出限定,防止某些有害行为对集群的整体性和创新能力等造成破坏,包括限制性进入机制、第三方仲裁机制、制裁机制、司法和集群内部的行业规范等。

(一)缺乏约束机制时企业之间的博弈分析

在产业集群创新系统内,企业之间的集聚对集群创新会有促进作用,这是因为企业由于空间距离的拉近而使彼此之间联系增多,创新信息传递加快,企业之间的竞争会促使企业加快创新步伐,而且集群内的协作也会给许多企业提供创新条件;同时由于知识的溢出效应,企业之间可以共享创新成果,从而提高整个集群的竞争力。如果集群内缺乏健康良性的监督约束机制,其结果可能正好相反。下面通过模型分析在缺乏监督约束时企业之间的博弈过程。

1.假设

假设模型中只有甲企业和乙企业,其中,甲企业具有创新的主动权和资源优势,乙企业则属于跟进模仿型,整个创新周期为 a。在一开始时,如果甲企业选择不创新,那么两个企业的收益将

都是 x；如果甲企业实施创新后，在被乙企业仿制前每个单位时间内可以获利 $5x$，创新投入为 y；乙企业如果选择跟进模仿，所需要的时间是 b，成本忽略不计，如果不跟进模仿其利润将降至 $0.1x$；如果乙企业跟进模仿后选择不降价，考虑到市场份额乙被甲企业占领，其利润将变成 $0.5x$，如果选择降价利润则升至 $2x$。在乙企业选择降价的情况下，甲企业被仿制后利润将降至 x，如果乙企业选择不降价那利润则为 $4x$。这样就可以得出以下结果：当甲企业选择创新而乙企业选择模仿并降价时，甲企业和乙企业的利润分别是 $(5ax-y)+(b-a)x$ 和 $0.1ax+2(b-a)x$。同样可得，乙企业在选择模仿但不降价以及不模仿的情况下，甲企业和乙企业的利润最后得到表 8-1。

表 8-1　甲企业和乙企业博弈的支付矩阵

	甲企业创新	甲企业不创新
乙企业仿制后降价	$(5ax-y)+(b-a)x, 0.1ax+2(b-a)x$	无
乙企业仿制后不降价	$(5ax-y)+4(b-a)x, 0.1ax+0.5(b-a)x$	无
乙企业不仿制	$(5ax-y), 0.1bx$	bx, bx

2.结果分析

从表 8-1 中可以看出，如果甲企业选择创新，则乙企业考虑到自身利益会迅速跟进仿制出产品并采取降价来获取更大利润。在这种情况下，甲企业尽管具有创新优势，但只有当其预计利润满足 $(5ax-y)+(b-a)x>bx$ 时，它才会开展创新活动。如果甲企业的创新期望利润值不断缩小，它的创新动力也会迅速减弱。当其期望利润值低于 $0.1ax+0.5(b-a)x$ 时，出于对这种竞争不公平的心理，甲企业将会选择放弃创新。所以在集群内无规范约束时，两个企业的创新博弈最终会陷入"囚徒困境"。

此外可以看出，模仿所需时间 b 是这两个企业利益的关键影响因素。甲企业出于延长创新成果独享期的考虑，会尽可能地防止创新信息向外扩散，这样会伤害到整个集群的发展。产业集群的一个主要优势就是信息的共享和知识的溢出效应,如果主观原因导致企业社会网络联系出现脱节,企业之间没有足够的交流和合作,最后整个产业集群的发展都将陷入危机。从上面的分析可以看出,无约束机制下的企业为了自身利益的最大化,会破坏集群内的创新活动的正常实施,形成恶性竞争,其结果将是集群缺乏创新动力而陷入困境。因此,治理主体必须健全良好的行业规范和监督机制来引导和约束企业的市场行为,这种机制分为正式机制和非正式机制两种,正式机制主要由政府职能部门负责组织实施,而非正式机制则需要整个产业集群内部的共同参与。

(二)创新生态系统的正式约束机制

产业集群创新生态系统的正式约束机制主要是制度约束,具体如下。

1.加强知识产权保护,引导企业树立品牌意识

知识产权保护作为克服经济外部性和"搭便车"的有效手段,可以影响创新条件。知识产权保护主要通过增加溢出接收方的成本,影响溢出效果。设知识产权保护系数越高,知识溢出效应越弱,此时将促使较多的创新能力不是非常雄厚的企业参与创新。保护企业的合法权益是政府职能部门的主要职责,能否做好企业专利权的保护工作直接影响到整个产业集群的最终创新绩效。如果企业的创新成果有很好的保护机制时,它的创新预期收益也会得到保证,其创新动力自然也大大增强了。此外,政府部门还应该重视对品牌的保护和扶持,引导企业转变观念,大力实施品牌战略。

2.规范市场机制,限制恶性竞争

产业集群创新生态系统的健康运行离不开良好的市场机制,同样企业集群要发挥自身优势就必须建立起良好的运行机制。企业之间的集聚虽然能带来外部经济效应,但也很容易导致负面

作用,如企业之间由于产品同质和拥挤效应很容易产生恶性竞争,从而使良性企业被劣质企业挤出市场的"柠檬"效应现象发生。市场规范机制可以通过监督企业行为、惩罚违规企业来限制企业集群内恶性竞争的发生。这也涉及企业与政府的博弈,只有政府制定的惩罚措施比企业冒险违规所得的利益期望大时,企业才不敢违规。这包括两个方面,首先是对违规行为发现处理的概率,其次就是制定处罚的力度。

3. 建立企业淘汰制度

由于企业自身创新能力上的差别必然导致部分企业在市场竞争中落于下风,这些企业往往是效率低下、资源匮乏,它们也最有可能成为市场秩序的破坏者。从上面的博弈分析中可以看到没有创新能力的企业最终会面对被淘汰出局的威胁,为了生存这些企业将极有可能采取冒牌、仿制等恶性竞争行为。这时政府或行业协会就应该制定相应的淘汰制度,对那些已经没有竞争力而有可能破坏行为的企业强制执行。高出生率和高死亡率也是产业集群创新生态系统健康运行的重要标志,落后企业的淘汰不但有利于资源的合理利用、市场秩序的良好维护,也有利于激励企业通过创新不断提高自身竞争力,免遭淘汰厄运。

(三)创新生态系统的非正式约束机制

机会主义阻碍了集群的合作创新团队的形成,如果能通过一定的筛选机制将机会主义者拒之门外,则会大大减少创新负效应的发生。

1. 设立"限制性进入"的门槛

信息经济学认为信息的不对称会引发逆向选择,在集群的创新网络构建和合作中,企业双方之间就存在信息的不对称问题,很多创新合作中途流产,就是因为企业不敢信任对方而造成。因此在选择创新合作伙伴时,很多企业慎之又慎,往往倾向于选择满足"一定条件"的企业作为伙伴,而"一定条件"必须具有传递信息的功能,信息经济学上称之为信号传递,创新生态系统的进入门槛正好满足了这"一定条件",客观上起到了信息传递的作用。因为只有那些合作忠诚度高,合作积极,具有集体主义、创新远见的企业才能进入俱乐部,而那些一味依靠模仿、假冒以及搭便车的企业是很难进入创新生态系统的,也就是说创新生态系统的严格门槛限制,起到了一个传递"企业有创新能力""企业有创新远见""企业积极合作"的信号功能。

创新生态系统内部企业之间创新合作的有效,更能充分发挥集群的创新正效应。因此,产业集群可以成立创新生态系统的虚拟信息平台,并对进入的企业做出严格的规定:企业不能有任何侵犯知识产权、欺骗消费者等的不良记录;正式成员企业必须满足一定的资产规模和技术创新投入规模。同时满足成员资格的企业在被正式接纳之前有严格的考察期,这说明一个集群内部的某个企业要想成为创新生态系统成员必须满足一定的条件以及付出一定的努力,这些条件构成了网络治理的"限制性进入"的门槛。

2.建立集体惩罚机制

集群创新主体为了获得交易的长期利益而自觉遵守契约的行为以及由此导致的社会评价,一旦个别组织成员出现违约的机会主义行为,集群的本地化沟通使任何违约者将不可避免遭受到集体惩罚——可以终止交易关系,给违约者造成经济损失;可以使违约者的市场行业声誉贬位,声誉指数下降,甚至将违约者驱逐出集群的受益范围。无论是终止其交易行为还是市场行业声誉的贬位,都会给违约者带来巨大的损失。这种集体惩罚机制可以通过监督企业行为、惩罚违规企业来限制企业集群内恶性竞争的发生。这也涉及企业与政府的博弈,只有政府制定的惩罚措施比企业冒险违规所得的利益期望大时,企业才不敢违规。

假设 A 与 B 之间是同质企业,C、D、E 之间也是同质企业。

当企业 A 对企业 C 实施了欺诈行为后,由于系统信息不畅,缺乏集体惩罚机制,企业 D 和企业 E 对此并不知情,A 企业还可以维持与 D 和 E 的业务往来。如果系统建立了完善的集体惩罚机制之后,各企业之间形成了一个信息流通顺畅的社会网络,在这种情况下,A 企业对 C 企业实施欺诈,很快其他企业就会看到相关记录。为避免损失,D 和 E 企业会放弃与 A 企业的业务往来,而把业务转向与 A 企业的同质企业 B,这样 A 企业就可能因为违规被淘汰出市场。当集群内企业都不愿冒此危险时,企业之间就能自觉地遵守行规。

二、创新生态系统的激励机制

激励机制是指通过对集群成员各方成本和收益的内化,抑制搭便车等机会主义行为,即通过声誉机制、收费和价格机制来让多中心主体了解违约的机会成本和协作发展集群带来的收益,收益大于成本的部分就是激励机制的激励根源。集群各创新主体资源相互依赖,价值共同创造和分享,作为"经济人"的成员各方可能会试图少做贡献而多分享价值,这些机会主义行为使集群的创新能力下降和优势丧失。治理主体根据各自的利益诉求而参与产业集群中间体组织的治理活动,可以抑制短期行为的冲动,为树立和维护良好的信誉提供较强的激励。

(一)创新生态系统的声誉机制

在产业集群的创新合作活动中,集群合作创新行为具有高度的开放性,参与主体基于技术创新的复制性、环境不确定性和技术变迁性,合作对象不可能总是某一些对象,可能会基于任务的不同,合作需要在没有合作记录的双方之间进行,这时声誉在集群创新生态系统的网络治理中就发挥了重要的作用。

创新生态系统的虚拟信息平台由于具有声誉在线纪录的功能正好满足了这一要求,通过虚拟信息平台的声誉记录功能,一方面保证了合作主动方在寻找合作伙伴时的成本更小、更加放心；另一方面也激励和约束了任何企业，使其意识到应该注重长远利益，应该注重集群整体发展利益。也就是说，虚拟信息平台的声誉记录机制拓宽了合作创新的空间，为技术创新提供了更多的资源选择机会，使潜在的合作对象演变为现实可以利用的资源。为了凸显"声誉"的重要性，可以在产业集群创新生态系统内制定一种排名制度。当政府对企业进行财政支持、政策扶持和项目委托时，就可以选择一些声誉较好、排名越前的企业，排名越靠后的企业发展机会往往越小，这就形成了一套"优胜劣汰"的机制。在信息透明机制下，无论是行业协会还是政府，其重点服务对象必然只有那些声誉较好、排名靠前的企业。

这种比较激烈的竞争形式在对集群创新负效应的治理方面具有如下三个优势：①保证了集群企业积极创新，积极发展，从而进入一种良性循环；②加强了相互之间的监督力度，由于企业之间相互监督成本很小，同时又具有相互监督的激励，从而使投机取巧者必将无藏身之地；③充分降低了信息的不完全性，进而降低了创新惰性，这是因为很多企业进行着同类产品的技术创新和生产，相互之间具有比对性，一些企业将由于创新惰性而导致的失败归咎于客观原因的解释将是苍白无力的。

(二)创新生态系统的价格机制

(1)在企业进行创新时，政府可给予技术支持，提供企业创新的人才和技术帮助。政府可以创造环境使企业与大学以及其他科研机构加强合作和交流，使企业借助科研机构的创新能力来增强自己的技术创新能力，提高技术创新成功的概率，在提高了企业期望收益的同时降低了技术创新可能失败带来的损失。

(2)过高的创新成本使企业无力承受和支付，将削弱其创新积极性。政府可给予一定的补贴或是政策上的优惠，降低创新成本，以保证企业创新后的收益大于创新前的收益，以促进企业创新动力的增强。政府通过直接性的补贴或是政策上面的优惠相当于增强了创新效率,由于降低了创新条件的下限,放宽了创新条件,将直接刺激所示企业进行率先创新。

(三)提高主体资源的异质性来促进创新

主体资源的异质性主要指群内各创新主体在地域文化、知识背景上的异质性;群内企业在生产效率、产品创新方面的异质性;各机构对技术前沿、市场环境理解上的异质性。产业集群发展的初期,产业集群系统处于远离非平衡状态,企业不断进入,新技术不断的开发,大量的资金、专业人才被吸引到集群中来,基于产业集群各主体的异质性,集群内企业之间相互学习,产生知识的外溢,产业集群系统获得了大量的负熵,系统不断向有序化发展。

当集群进入成熟阶段,基于"强关系"的人际网络降低了群内人才在地域、文化、职业等方面的异质性;产品的过度模仿,技术的外溢效应,降低了企业之间在生产效率、产品创新等方面的异质性;社会各主体之间基于地缘文化的相似,降低了群内各主体之间的异质性,使产业集群系统趋于平衡态,由此可能导致简单模仿、产品雷同和恶性竞争。按照耗散结构理论,通过异质性主体之间的不断交流,以及信息充分共享,可以为产业集群系统获得大量的负熵,从而优化产业集群系统的资源配置,因此区域产业集群加入全球价值链后,由于全球价值链的开放性,区域集群内部的企业除了可以与群内企业实现竞合,也可以与价值链中的群外企业实现交流和合作,从而达到了主体资源异质性的目的,此时当产业集群系统面对外部风险时便可以采取不同的解决办法,增加成功的可能性。

三、创新生态系统的协调整合机制

协调整合机制是指区域创新主体之间得以相互接触,实现对资源、技术和知识的共享,形成相互的信任,使各治理主体在治理目标上达成一致。协调整合机制包括知识交流和共享机制、文化机制、技术标准化机制、信任机制等。

(一)创新生态系统的知识交流与共享机制

区域各创新主体之间的知识交流与共享是提高整个区域竞争力的关键,因此应构建有效的知识交流平台和区域内知识共享库。

1.建设各种区域信息网络

政府要组织、建设和维护各种关系网络,并在一定区域内形成较高的知名度。例如,政府出面举行定期的和不定期的,正式的和非正式的信息交流活动,由各方有影响力的人士参加,并为各种聚会提供场所,促进区域内商业网络形成与发展;在条件成熟时,由政府组织、多方出资进行计算机系统的联网,形成信息网络;政府向产业集群网络输送、发布与创新相关的信息,引导网络中的企业、大学和科研机构向最有利于整个网络发展的方向网结,形成研究网络。

2.提高网络关系促进知识获取

社会资本的相对丰富是产业集群的一大特性,所以产业集聚在一定程度上就是社会资本的聚集,集群内部的丰富密切的社会关系构成一个社会网络。产业集群内的"强关系"可能导致网络封闭性、机会主义和关系锁定,产业集群内的知识要素在集群内的流动和扩散,不完全受企业个体的制约,而是受产业集群内部社会和文化因素的制约。产业集群系统内社会网络的稀疏性能够推动个体组织的流动、信息的获得和资源的摄取,大大改善网络整体信息的有效性结构,从而促进企业的创新行为。网络关系的稀疏性是产业集群系统开放性的特征。

3.增强内外部联系推动知识共享

一方面,国家要鼓励、支持公共研究资源的开放,围绕地方产业集群来建设国家和区域创新体系,并为产业集群的升级提供创新支持政策。另一方面,地方产业集群要主动将各方面的创新资源向区域集聚,使创新成为产业集群发展的推动力。此外,要提升产业集群网络的学习能力,积极推动大学或研究机构在基础科学和应用科学等方面的研究,加强对高级技术人才和管理人才的培养,并在其他政策和法规、财税制度方面提供优惠等。同时也要提高微观主体——企业的整体学习能力,增强产业网络的"根植性"和开放性,使企业能够在充分的交流与有互动中利用集群内外的网络联系获取知识和信息,促进创新的产生。

(二)创新生态系统的文化机制

政府要培育产业发展的软环境,加强国内集群的制度、文化等环境建设,完善法律法规,减少机会主义产生,为价值的保持和创造提供良好的制度文化环境保证。制度设计保证集群内企业的有序竞争与合作,以防止价值实现的空间被本土集群间的恶性竞争压榨。对集群嵌入全球价值链环节进行指导,防止同类集群的无序竞争,实现国内集群在全球价值链中的定位多元化,改变各自在价值链中嵌入的位置和组织方式,实现异质互补,为产业集群升级扫除障碍。例如,可以通过文化环境(包括人们的文化水平、心理素质、价值观念、社会风气等)的建设增强网络关系的稳定性和根植性,为集群升级提供良好的产业发育氛围;通过机构环境(金融机构、行业协会、法律事务所、会计事务所等)的建设为企业经营提供支持和推动各种优惠条件来增加网络动态性,促进产业的交流与发展。

(三)创新生态系统的技术标准化机制

政府要从制度层面上促进产业集群网络的升级。国家要提供便捷地进口渠道,消除出口偏见、排除不稳定和间歇式的出口政策,需要提高进出门机构的效率,打破各种贸易壁垒。政府还需建立全球对话平台,帮助地方产业集群的企业在原料标准化、产品质量标准化、技术流程标准化、环境保护标准化方面达到世界先进水平。另外,政府应该积极鼓励行业协会、商业协会的建设,通过行业协会或商业协会协助网络内企业快速、便捷地获取知识和信息。政府还应该通过建设培训部门、技术中心等专业服务部门来为网络内企业提供技术能力的帮助,为产业网络的升级提供制度保障。

(四)创新生态系统的信任机制

产业集群是植根于地方中的产业网络,共同的文化有助于形成基本的行为规则,使相互间的交易行为具有可预期性,使企业间行为意图能较好地被理解和估量,并及时沟通、交流,使交易各方了解对方的策略,共同促进企业之间的信任。协调整合机制下的交流、共享、信任的集群文化提高了产业集群内企业的敏捷性,较高程度的信任促进各方灵活、及时地行动,按时交货、按时付款、保持高质量、信守口头或正式契约,减少不必要的摩擦与矛盾,谈判和协商减少处理纠纷的时间耗费,减少集群内企业间的交易成本。

协调整合机制使集群内企业间信息沟通更有效,集群成员之间的合作抵消了目标异化导致的交易成本,而对详细契约和完善监督依赖程度的降低直接减少了交易费用,提高了合作关系的运作效率,使企业间合作更容易、交流沟通更便捷、知识流动更迅速,这有利于形成企业之间的技术传递链条,降低创新的风险,促进合作创新,减少创新过程中的冲突,尤其在竞争性企业合作创新中,较高的信任度使创新收益分配更加公正,进而形成更有效的创新利益激励机制,提高创新的效率。

集群中多中心主体通过利益和风险共享来维护和巩固信誉,使合作变得可信,而集群文化中良好的沟通信任机制一旦树立并得到维护,反过来又为长期交易和长远利益的实现提供了重要保证,鼓励合作行为,促成组织间的协调。显然,长期利益、信誉合作和协调之间使产业集群内形成了良性循环、相互强化。

第九章　区域技术创新生态环境提升建议

　　集群企业实现技术创新、技术扩散和知识积累的基础是信任和合作，以及由此带来的合作性收益，区域自发产生的产业集群，其动力和演进的基础要素也是信任机制。在成熟的产业集群内部，各种类型的企业之间建立起长期的生产合作关系，知识流动和创新扩散特别是隐性经验、知识和关键信息的传递，主要是通过信任、承诺和信誉来支撑，通过集群内部的社会网络或个人网络来实现。趋利避害、控制消极影响是对待知识溢出现象的基本态度，一方面，需要引导和鼓励产业集群中各主体之间建立信任合作关系，营造集群内部积极向上的知识共享氛围，以减少知识溢出消极影响；另一方面，需要努力构建一套切实可行的集群机制，以维持技术创新者持续技术创新的能力，实现技术创新、知识共享各方的共赢。

　　本章首先从知识溢出的角度分析产业集群风险以及集群企业的信誉风险，然后分析产业集群内部的信任机制，说明信任机制能够防范集群风险，是产业集群和集群企业产生和发展的重要基础条件，接下来从集群信任机制的角度讨论集群风险的防范和产业集群中企业之间技术创新环境的构建。

第一节　合理评估区域内集群企业风险

一、产业集群风险

　　企业之所以在特定空间区域聚集，最根本的目的在于获取外部规模经济所带来的好处，分享集群知识库，获得集群知识溢出效应,以及利用集群基础条件为企业服务和创造价值与利润,但是当产业集群内企业数量超过一定规模,土地、资本及劳动力价格上涨,最终将阻碍产业集群的发展,产业集群自身也因此逐渐衰退,形成产业集群风险。关于产业集群发展过程所产生的风险或不稳定因素较早就引起了国内外许多学者的关注,马歇尔最早对产业集群形成与风险进行了较为深入的研究。

波特指出,随着企业的进入或退出以及当地经济结构的变化,产业集群从产生以后就一直处于一个动态演进过程中,同时,由于一些外部因素和内部因素使其丧失竞争地位,甚至衰退,世界范围内有许多这样的例子,随时都有新的集群诞生,也随时都有老的集群衰亡。另外,产业集群内企业在信息不对称的条件下会产生"柠檬市场效益"和"搭便车"行为,由于免费使用集群资源,在机会主义的诱使下,个别企业的不规范行为将对整个集群产生不利影响。

随着产业集群的发展,集群内的企业也在长期的交易中进行着重复的博弈,彼此间更加熟悉,信任成本不断下降,同时,由于地缘上的亲近性以及资源的共享,企业在寻找合作对象时逐渐形成一种惯性和路径依赖,并利用这种惯性进行着经济性交易与社会性交易。产业集群内的所有企业以核心能力为基础,充分发挥资源互补优势,并在这种互动行为作用下交织成一个社会关系网络,既表现为一种产业链内部企业间的垂直联系,又表现为产业链之间的企业联系。产业集群社会关系网络是一个整体,其稳定表现为一种全局性稳定和动态稳定。在产业集群演进过程中,当企业的进入和退出的影响都能够被网络组织所吸收时,产业集群就实现了动态稳定。

产业集群在社会网络运作模式下也孕育着自身结构带来的风险性,产业集群内的企业在运行过程中都会受到相关集群单元的制约和集群资源刚性的影响,表现为产业集群规模风险、集群社会网络风险和集群支撑机构风险(图9-1)。

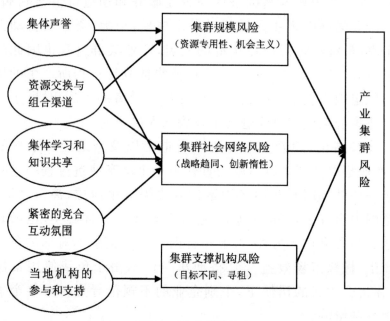

图 9-1　产业集群风险

(一)产业集群规模风险

产业集群内的企业竞争优势主要来源于大量相关的企业在一定地域上的集聚,共享资源、技术、信息、声誉、基础设施等。但是,理性的经纪人在追求自身利益的同时都会具有机会主义的倾向,随着集群规模的不断扩大,对集群内企业的管理协调成本提高,企业间单纯的地域、产业、文化纽带将不能保证对集群单元违规行为的高成本惩罚。

产业集群规模的扩大,使集群内企业的竞争也不断加剧,一些企业将可能采取不符合集体声誉的行为获得市场对整个产业集群产生晕轮效应,使产业集群的集体声誉受损,导致产业集群的不稳定。产业集群的形成,使内部企业可以共享资源、信息交流的实施、渠道,其一旦建立一方面促进了企业间的合作的协调与溢出效应,另一方面又导致了投资专用性的增加,一旦出现集群缺口,将引起产业集群的不稳定。

（二）产业集群社会网络风险

产业集群的网络组织结构是企业为了共同的目标而建立起来的，企业间的合作源于社会关系，因而，信任是该组织结构的基本治理工具。随着企业间密切的合作与互动，共享资源、知识、信息、声誉、基础设施和交流的渠道，企业在面临相似机会和威胁的同时导致了企业战略趋同的整体行动。另外，企业不断产生"搭便车"的机会主义的行为意识，滋生了创新的惰性，抑制了产业集群的创新能力和应变外部环境变化的能力，从而带来了产业集群的不稳定。网络效应与产业集群发展的关系如图 9-2 所示。

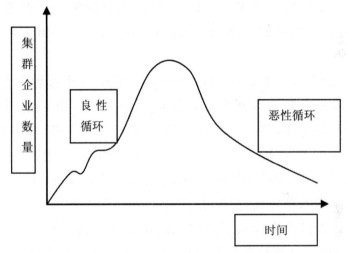

图 9-2　网络效应与产业集群发展

（三）集群支撑机构的风险

在产业集群内部除了相关企业外，还存在着地方政府、中介机构、金融和研究机构等，它们为产业的顺利发展提供了信息、资金、人才、法律保障等。因此，可以说这些支撑机构为产业集群的形成和发展发挥着重大的作用。由于多元主体目标的不统一，在追求个体利益的目标下，可能会形成一种松散的无组织现象，导致产业集群的不稳定。另外，这些机构和组织不仅向产业集群的企业提供了大量的准公共性的支持和服务，还掌握了一定的特权,这将引起企业为了获得更有利的支持进行寻租活动,破坏了产业集群良性发展的商业环境,致使产业集群不稳定发展。

二、集群企业风险

目前虽然在风险管理标准中,如 IFRIMA(国际风险保险管理联合会)、FERMA(欧洲风险管理联合会)、ISO(国际标准化组织)等组织的指导方针中并没有信誉风险的条款,但是,越来越多的企业将信誉风险视为威胁其发展的最主要因素,保护和提高企业信誉的需求被认为是风险管理的主要目标和收益。因此,信誉风险正吸引着越来越多的注意,其被称为对竞争立足点最主要的威胁,同时也是最难以驾驭的风险(Economist Intelligence Unit,2007)。

事实上,每一个企业的信誉风险一直是企业管理的焦点,过去该风险一直被认为基本是企业内部的,如今,由于生产外包和延伸企业的出现,信誉风险越来越多地来自于外部。2007 年,因生产芭比娃娃而闻名的全球最大玩具公司——美国美泰公司(Mattel Inc.)在两周时间内,两次宣布在全球召回近 2020 万件中国生产的问题玩具,引发了中国玩具出口乃至"中国制造"的信任危机。美国美泰公司三分之二的玩具在海外生产,这次召回 2 100 万件在国外制造的玩具事件,使消费者信心大减,玩具的销售量遭受重创,仅一个季度美国的销售量就下跌了 19 个百分点。美国美泰公司将被迫承担预计 4 000 万美元的召回损失,此外预计未来基于该问题的其他销售损失预计可达 5 000 万美元。

此次玩具召回事件又一次将中美贸易焦点集中到了中国产品的质量问题上。世界各国很多的企业都参与到了中国制造领域,实际上中国制造就是世界制造。如果中国制造受到了损害,在一定意义上说,世界各国也可以说受到了一定的损害。商务部提供的数据显示,中国制造的贸易方式有 50% 以上是加工贸易,加工贸易产品都是按照外国订货商的要求和国际标准生产。从出口主体来说,有58%以上的产品是由外资企业出口的。在玩具等产品出现品质问题后,作为中国的生产企业确实应该承担一定的责任,但是作为美国的进口商、设计商,应该承担什么样的责任,也同样值得关注。事件的最终结果不得而知,那么究竟谁应该为这类问题负责,就是一个耐人寻味的研究课题。不可否认,不能有效的管理供应链中界面的结果会给整个网络带来巨大的经济损失并非只有美泰公司一家。

经济全球化时代,企业面临着空前的有可能导致损害其信誉的威胁因素,由此产生信誉风险。信誉风险被定义为企业未能满足利益相关者对企业业绩和行为合理期望的状况(Atkins,Bates和Drennan,2006),因此,集群企业有必要处理这一薄弱环节。

第二节　建立区域产业集群的信任机制

一、信任机制对产业集群的影响

一般而言,产业集群规模的扩张经历了以下过程:首先是当创业企业家创新活动成功落脚在某一区域,然后引起周围学习模仿,产业集群的规模扩张便沿着血缘、亲缘、地缘等脉络向外扩散。在这个过程中,存在血缘和亲缘关系的人自然成为最可靠的信息来源以及合作模仿的对象。例如,某一个人在某一行业取得成功后,往往会带动整个家族从事同一行业,从而出现许多从事同一行业的家族企业和企业集团。随着企业产业链条的延伸,集群传播和扩散便超越血缘和亲缘关系,沿着便利的交通、区位相邻的方向传递,集群扩散由点及线再及面,最终形成专业化特征十分明显的区域集群布局。产业集群带动相关企业集中分布,形成了以某一优势行业为主导、其他相关产业配套布局的企业群落,从而表现出极高的集群聚集效应。

通过对产业集群成长过程的阶段性考察发现,信任机制以及相关的商业文化与竞争观念是产业集群演进的重要动力基础。产业集群内各企业交易行为大量发生,信任恰恰起源于交易的需要,交易行为越频繁信任机制越重要。集群企业之间信任关系的建立,是促进集群企业合作的隐性契约生效及规范集群企业的合作保证,是推动产业集群能够不断成长演进的基本力量。以宗族和姓氏聚居的乡村社区,人们之间存在着千丝万缕的血缘、亲缘或地缘关系,使集群内部企业之间的交易和合作能够凭借人格信任来降低交易成本。在成熟的产业集群内部,各种类型的企业之间建立起长期的生产合作关系,知识流动和创新扩散特别是隐性经验、知识和关键信息的传递,主要是通过信任、承诺和信誉来支撑,通过集群内部的社会网络或个人网络来实现。

产业集群被誉为知识社区(Connell 和 Voola,2007),在这个社区里,客户、雇员以及供应商进行的知识源的创造、捕捉和转移会促进集群企业之间的协同合作关系、高效管理以及性能改善。信任机制与知识共享以及集群企业互动频率、关系的疏远有着积极的关系,同时,集群企业之间的信任合作关系以及知识共享还可以揭示集群企业联系强度和长期关系的程度(Reagans 和 McEvily,2003)。信任机制和产业集群知识管理框架如图 9-3 所示。

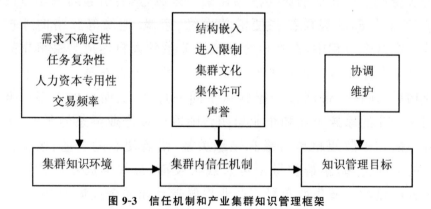

图 9-3 信任机制和产业集群知识管理框架

信任作为无形资本像物质资本一样重要,其最重要的作用与组织发展知识有关,知识资本的价值越高越需要信任,高信任以及由此产生的自发性社会交往造就发达的社会组织,它是经济繁荣的根本基础。集群企业同所有主要合作伙伴良好的关系和有效的知识型联系管理,包括企业内部(员工)和企业外部(客户及其他),有助于集群企业之间信任关系的形成和管理。

二、集群企业间的信任机制及作用

如果将研究的注意力转向集群企业之间的关系,可以从不同的角度分析集群企业之间的信任和信誉作用,例如,情感维度、关系市场以及买卖双方的关系等方面(Andersen 和 Kumar,2006;Enke 和 Greschuncha,2007)。在集群企业之间关系中创造良好的信誉对实现供应链条中的合作者之间有效的知识转换机制非常重要,这也对供应链的整合以及更有效地管理与供应链条中的合作者之间的共同利益非常重要。那些为和它们的能力和关系密切的利益相关者投资的企业,能够和合作者一起创造信誉,并更好地适应变幻莫测的环境和市场条件,这是企业保持顾客,增加成功的筹码。另外,信任和信誉能够提高集群企业之间关系内部的灵活性和适应性,减少信息不对称造成的负面影响(Arino等,2001)。

(一)集群企业间信任机制变迁

经济学家认为,信任是人们理性选择的结果。立足于经济人的理性立场,经济学家从经济人的完全理性到有限理性考查了信任问题。Williamson(1975)和 Coleman(1990)把信任与风险联系在一起,把信任理解为理性行为者在内心经过成本—收益计算的风险的子集,即计算型信任。计算型信任理论侧重于考察信任节约交易成本的功能,提出在重复博弈模型中人们追求长期利益会导致信任关系建立的结论。在重复博弈模型中,影响重复博弈的可能性因素和博弈中人们的策略选择因素也就是影响信任关系形成的因素。Williamson (1993)从交易成本的分析出发,在有限理性和机会主义的前提下,对信任问题进行了研究,将信任分为计算型信任、人际关系型信任和基于制度型信任,提出在组织关系和经济活动中的重要性取决于组织监督和控制机会主义行为的能力。产业集群中企业的信任机制发展历程如图 9-4 所示。

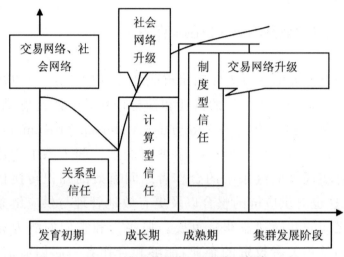

图 9-4　集群企业信任机制变迁轨迹

(二)集群企业间信用机制的作用

1.信任与交易成本的关系

Commons(1994)认为人们通过买卖这种平等、自愿、互利的交换交易活动,可以产生相互信任、平等合作的关系。其中合作关系的核心内容是信任问题,合作所依赖的是在一定环境下,个体必须了解与之互相作用的他人的信息和需求的多少以及个体之间能否更多的分享共同的资源,从而为解决个体之间各种相互关系奠定信任基础。Kramer(1999)认为信任可以减少交易成本,尤其是先在性信任的影响效果更加明显。作为社会资本的一种形式,信任最重要的作用是自发结社,在科层制内部,信任能够促进成员的自愿遵从,在企业中,信任有助于创造和保持企业的竞争力,改进企业绩效,其是企业必需的因素。信任与交易成本的关系如图 9-5 所示。

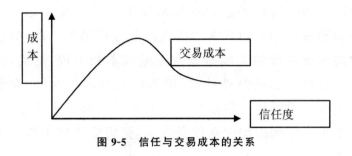

图 9-5 信任与交易成本的关系

2. 信任与企业竞争力之间的关系

普遍认为具有良好信誉的企业更易于吸引利益相关者,并同后者形成稳健的伙伴关系。企业间的所有合作活动都是以信誉和信用为基础的,这又促进了信息共享和合作伙伴间的相互学习活动的增加(Rayner,2003)。信用和信誉的潜在利益十分广泛,人员之间的信用同企业内外知识共享之间存在着积极的关系,企业信誉和集群网络内部知识共享之间也存在积极的关系。信任机制、知识共享与知识创新之间的关系如图 9-6 所示。

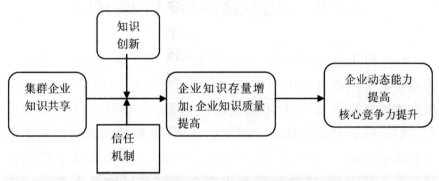

图 9-6 知识共享、知识创新、信任机制关系图

当前国内外为数众多的网络公司凭借调节虚拟网络的能力,逐渐成长为该行业的领军企业,实际上,网络公司销售的绝大多数产品并非由其自己生产的,由于该企业已经建立起了一个覆盖大量生产厂商和物流服务全球性的网络,从而形成了一整套定制型的方案,最终将产品提供给客户。网络公司的内部能力就是技术进步和网络编排,其中后者是通过高度复杂的以网络为基础的信息系统来实现的。另外,对于生产制造型企业而言,全球资源

外包和海外加工的趋势是近些年来发生的重大变化之一。这些全球外包和海外加工的基本动机表面上分析是生产成本问题,即实际的购买成本或加工成本以及运输成本和关税,然而,由于企业生产的过程大多是海外外包,有着较长的前提时间,企业实际上更注重或者说更担心的是供应链断裂的风险。本质上,这类企业往往很少考虑到附加创新投资成本、销售损失成本以及废弃成本等问题。

理论上和现实存在的风险状况和形势要求每一个企业利用信用和信誉来组织管理这些关系,减少外包成本意味着企业必须了解变更的风险预测,进而要求企业需要对供应商进行更严格的评审。很明显,由全球外包形成的依赖关系十分重要,而且随着经济全球化的深入,全球维度使供应网络变得更为复杂,正是因为这些依赖关系的存在,某企业的信誉被其他网络成员行为严重影响的危险性也在逐渐增大。

第三节 创建区域企业技术创新环境

Das 和 Teng(2001)认为"信任就如镜子中的风险"。集群企业或者集群网络关系中的任何一个地方都可能引起信誉风险,一夜之间破坏企业多年来才建立起的信誉,将会引起许多严重后果,例如,降低利益共同者之间的信任度,影响彼此之间的关系甚至造成企业破产(Atkins 等,2006)。因此,企业管理者普遍认识到信誉非常重要,成功地管理集群企业信誉风险具有更高的挑战性。

一、维护区域集群企业信誉

信誉被称为企业重要的无形资产,它表达了利益相关者对该企业基本是"好"还是"差"的评价,并反映了企业过去和目前行为的知识累积情况(Taewon 和 Amine,2007)。一家企业的信誉是利益相关者对其的尊敬,它是基于企业活动的一种无形但重要的资产。信誉可以带来一种"感情依恋",既是一种利益相关者对企业的"青睐",也是同利益相关者建立稳定关系的关键(Keller,2003)。对集群企业之间长期关系的有效管理要求企业具有理解和界定各类利益相关者不同目的的能力,因为企业需要实现吸引客户、雇员以及其他利益相关者、提高满意度、保持合作关系等目标。

企业信誉不仅包含企业形象,也包含一些其他内容,企业形象被界定为人们对于一家企业、其产品和服务所持的观点,因此,大量企业均极力利用其各种活动和资源来形成积极的品牌和企业形象观念。同过去相比,企业对诚实正直、提供最佳产品和服务使命方面的投资明显增加,同时强调其公平的战略和社会定位。世界上所有的知名公司自己本身就可以称为一种品牌,而非简单地依靠其产品或其品牌组合。企业信誉和品牌形象息息相关,企业营销管理方面应涵盖信誉和品牌风险管理,以上已经提出信誉可能会被网络利益相关者严重影响,这些利益相关者也应被划分为关系管理过程当中来。过去,品牌可能仅仅代表着某一产品或甚至是某一企业,但现在集群网络经济中品牌逐渐成为集群网络的品牌,代表的是一系列的企业和利益相关者的品牌。

培养集群企业良好的形象,加强企业信誉会增强企业对利益相关者"吸引—满足—保持"这一过程的能力,同时能够增加诸如信用、同客户和其他合作伙伴的许可经营、信息共享和品牌权益等无形资产的价值,最终促使集群企业形成一个良性的因果循环系统。良好的企业信誉还有助于对良性的因果循环系统进行更好的管理,使企业在市场中获得更好的业绩、知识和反响(Calantone,Cavusgil 和 Zhao,2002)。

二、建立区域企业信任关系

区域集群企业之间信任关系的建立要经历三个阶段:集群企

业信任关系建立阶段,集群企业信任关系实施阶段,集群企业信任关系的终止或重建阶段。

(一)集群企业信任关系建立阶段

在集群企业信任关系建立阶段,信任和信誉是开始建立企业商业联系、启动交易关系、评估潜在的合作者以及开始协商与合作等工作的主要决定因素。在此阶段,来自对方的信息线索或经验扮演了非常重要的角色,例如,一些大型的物流公司为了整合上下游物流活动,改善对零售顾客的服务质量,需要建立一个大型分类货仓,这样做的目的在于整合其他利益相关者。最初的品牌建设者通过建立企业联盟,从而减少企业的物流成本,实现更有效地为零售商服务。这些合作企业拥有共同目标,它们的信誉以及对实现这个联盟潜在利益能力的信任,减少了信任合作的困难,所以企业之间的信任合作能够获得巨大成功。

(二)集群企业信任关系实施阶段

在集群企业信任关系实施阶段,集群企业之间的信任和信誉是经验性学习的结果,集群企业长期成熟的关系能减少网络内所谓的知识代沟(Helander 和 Möller,2007)。企业间的信任能够满足企业期望,在发展企业独立性的同时,能够建立企业间的平衡力量以及合作和竞争关系。到了这个时期,集群企业彼此的信任和信誉在企业之间产生稳定的联系,最终建立企业信任关系。

在特约代销网络等垂直网络中,供应商和商店之间的稳定关系至关重要。从市场营销的角度而言,商店的收购、设计规划、分类和开张过程能够显示企业重要的内部管理能力,商店的开张和重新分类,其中商品的及时性和质量对创造企业的盈利和改善企业在顾客眼中的形象起着举足轻重的作用。从这种角度来说,和供应商的关系至为关键,商家与供应商之间的合作关系不仅仅是以降低成本为目的,稳定的供应商合作者网络能够确保企业生意的灵活性和优先知识的获得。在集群企业成熟的信任合作关系之下,商店能够克服时间紧、质量高的困难,并极力减少货仓和物流失误,这些又进一步促进并有利于改善、培养和促进同供应商的关系。

(三)集群企业信任关系的终止或重建阶段

集群中的每一个成员,即使是集群中的领先者或者支柱企业,在其产品的整个生命周期中同样需要其他利益相关者提供综合的和高端的客户支持。为了实现企业自身目标,需要在企业的整个生命周期内同供应商建立稳定的关系,而稳定关系的终结则会给企业的稳定性和客户的满意度大打折扣。正是基于以上原因,集群中的每一位成员都希望紧密同外部供应商合作,保障在将来有项目的时候,这些成员愿意成为其合作伙伴。

随着网络信息时代的到来,产生一种新的商业模式即网络型虚拟商务,它是一个由一些自主企业、供应者、客户甚至竞争对手组成的临时性网络,它们由信息技术所连接,进行技术和成本共享,并打入其他成员的市场。这一企业模型是灵活多变的,一些合作者以极快的速度联合起来共同开发利用某特定机遇,一旦达到目的,它们的活动往往就会随即结束。在这些个体进行合作时,信息技术起到关键作用,但是它们彼此之间也需要建立一种临时性的信任关系,随着合作的结束,这种信任关系随之结束。

在上述分析的集群企业之间建立信任关系的三个阶段中,企业之间的经验交流对经验性学习创造常常是至关重要的,外部参与者(已有顾客、第三方或者集群企业之间合作者)或者内部参与者(职员)都与企业的信誉密切相关。如果将信誉放置在更复杂的利益相关者的网络环境中,互信的集群企业之间更趋于互相促进信誉的发展,并且能够最大限度地优化其在其他企业的信用,这样也有助于吸引其他企业、提高集群满意度、保持彼此合作关系以及在结束良性循环周期之后继续保持网络稳定性等目标的实现。

三、控制区域集群企业风险

集群企业信誉风险管理要求合适的集群企业阻止和控制信誉冒险，同时，还依赖企业文化的操作，需要一个多功能的信誉风险管理方法。为了减少信誉风险对网络关系的副作用，以下三个方面对集群企业信誉风险的评估和控制至关重要。

（1）当集群企业在利益共同者眼中的形象和企业所宣称的形象不一致时，可能出现信誉风险。为了提高自己的信誉和竞争优势，一些产业常常在改善自己的社会责任心形象方面投资。食品、药品、玩具和服装等产业就是其中的典型例子，对于这些产业来说，失信就代表着潜在的危机，它能彻底毁掉它们的品牌信誉以及重要市场或品牌价值，甚至会危及整个行业。一个典型的例子便是"三鹿奶粉事件"，三鹿系列刑事案件不仅使三鹿集团从此失去了市场地位，同时也严重地打击了中国牛奶行业的信誉。很明显，企业必须谨慎评估网络风险的潜在根源，在危机发生前，企业要消除信誉风险，如果危机确实发生了，企业要有效地控制信誉风险。

（2）产业集群中的信誉风险要求集群企业有效地管理和其他利益相关者之间的接触界面。比如，在企业内部，雇员和管理人员之间的关系可能是导致信誉风险的一个潜在原因，某些情况下，雇员能引起负面作用，阻碍自己企业的经营，雇员对职业培训、职业发展和工作安全等工作环境有着很大的期望和复杂需求，误解了它们的需求就会给企业造成风险。在产业集群内部的信任及信誉与雇员的敬业奉献精神密切相关，雇员对提高自己企业在其他企业中的信誉起着至关重要的作用。集群企业应该鼓励雇员跨企业以及在集群网络内部分享目标、任务、观点和知识，在此基础上雇员产生的兴趣和积极性能够创造出更好的业绩。另外，集群企业雇员之间的联系能够让外部的合作者产生积极作用，通过进一步帮助合作者招募新成员来提高企业的形象

(Stuart，2002；Milne，2007)。同样,为了提高服务和产品的满意度,加强合作的有效性和合作双方的信任,以及从长远的角度改善产出,企业应该保持与可盈利顾客之间的关系,这也要求有一套高效的顾客知识管理系统(Liu，Zang 和 Hu，2005)。

在企业与利益相关者之间,企业实际运行中有着一些既得利益的媒体和被称为"吹哨者"的人们,它们可能在传播丑闻方面具有关键的作用,特别是当涉及的是平时在处理环境和利益相关者方面做得很好的企业。集群企业认识到这些因素的潜在作用是信用风险认证的大事。当然,和雇员一样,顾客也对企业产品或服务的质量、价格、服务、安全、透明度以及道德规范抱有很大期望以及需求,顾客也常常可能是负面(偶尔积极的)口头消息的潜在根源,所以不满意的顾客也是信誉威胁的潜在根源,企业需要对这些事件时刻做好准备。

在产业集群中,对于信誉风险影响因素的管理要求集群企业及其合作者对这些风险影响因素方面具有社会意图,或者要求主要活动者应该具备提高其网络形象的决策。另外,为了使集群网络具有品牌效应,对集群网络中新人合作关系的持续提升必不可少。集群企业之间的这些利益是横向的,能影响其他许多方面,从知识的角度来看,高度利用供应链条中合作者之间的知识共享机制能够鼓励多功能合作,产生更好的学习效果,反过来也能促进知识创新。从集群企业管理人员的角度来看,信任和信誉能使人更有效地选择合作者,增大供应商的价格让步,减少投资者的风险,提高策略的灵活性,更好地观察产品的质量,并且还能提高金融绩效和改善雇员的士气(Pellegrini，2004)。

(3)集群企业控制信誉风险与管理利益相关者接触界面紧密相关,企业的管理者需要注意以下方面:理解利益相关者的期望,在同企业观念和战略一致的情况下,界定企业政策;实施维护信誉和控制信誉风险责任制度,从高层管理者开始,逐步扩散到各管理层次;识别和评估企业网络关系中信誉风险的内外因素;将信用风险作为非转移性风险投保,在其预防和危机管理过程中加大投资,进而减小其负面作用。

集群企业为了有效保护集群网络关系,减小信誉风险威胁,企业有必要将有效合作监管放在企业运行和人力资源的跨功能管理基础上:第一,对企业面对的大量重要声誉风险的因素进行持续性的评估;第二,积累并分析利益相关者和股东对企业期望绩效偏差可能产生风险的认识;第三,确保在企业功能执行过程中各层次对风险意识的统一;第四,通过管理合作性沟通达到同企业预期指数的一致。企业高管人员在信用管理策略选用方面十分重要,特别是在信誉比较差的情况下,企业高管人员需要通过调查企业信誉消极因素,改进股东观念,选用合适的企业绩效改良型策略。

在理解和管理集群网络信誉风险过程中,企业应该了解利益相关者的期望,并且承担主要责任,目的是保护企业的形象、信誉和网络关系。同时,企业内部以及网络中有效的交流和信息共享也是必要的。对网络关系有效的管理要求是一种从"为产品树立品牌"到"为企业树立品牌"或"为网络树立品牌"的战略性转移。这一挑战要求对利益相关者方面的价值创造过程的有效管理(关系管理)和对以下关系有效的协调管理:企业特点(核心能力、内部关系)、企业形象(市场交流驱动下的外部表征)以及同所有的利益相关者的知识交流(战略管理)等。

在产业集群中,对集群企业之间的接触界面和知识共享管理具有十分重要的作用,信誉风险在影响及维护股东、客户等和企业稳定关系方面具有潜在作用。应该将信誉和信誉风险放置在包含所有利息相关者的更为广泛地环境中进行分析,甚至是结合在动态商业环境之中网络内部知识共享面临的挑战,分析信用和信誉。集群企业在信任的基础上培养企业"吸引—满足—保持"股东及顾客的能力,建立集群企业之间信息共享等积极的关系,促进企业实现更好的业绩,避免或减少信誉风险在导致利息相关者对企业信用丧失、关系影响、甚至企业倒闭等方面的消极作用。

第十章 结 论

本研究从知识溢出的视角分析区域知识溢出和产业集群中的企业技术创新行为,知识溢出对区域企业衍生特别是企业知识存量的影响,企业的现有知识存量是企业进行技术创新的知识基础和重要因素;探讨区域知识溢出和集群企业的技术创新策略选择问题,分析在产业集群发展的不同阶段,集群企业不同的技术创新策略选择;集群企业对技术创新成果的吸收利用,其是企业技术创新活动的最终目的;主要研究了区域产业集群技术创新生态系统的自组织进化机制以及协同创新的演化博弈模型,研究了产业集群技术创新生态系统组织成员间的竞争协同进化机制、共生协同进化机制和捕食协同进化机制,并给出了平衡条件;构建了基于多中心治理理论的区域产业集群技术创新生态系统治理结构模型,指出各治理主体的功能定位,并分别从约束机制、激励机制和协调整合机制三方面来研究区域产业集群技术创新生态系统的治理机制。

通过以上研究,本研究结论如下。

第一,企业的知识存量或者原有知识库是企业开展技术创新活动的基础和必要条件。企业技术创新成果在知识溢出的情况下对企业衍生和发展起着重要作用,伴随着企业衍生,知识溢出效应将引起集群企业知识存量的变化:在产业集群内部更容易出现知识溢出,短期内由于知识溢出的负外部性,企业知识将会流失、知识存量减少;为了更好地吸收利用外部流动知识,企业选择加大技术创新投入与学习,从而带来知识溢出的长期积极效应——企业知识获取,这最终会促进产业集群中企业知识存量的提高,集群整体知识资本的平均水平进一步得到提升,为企业技术创新打下知识基础,为产业集群长期发展奠定基础。

第二,在产业集群发展的不同阶段,集群内部机制和知识溢出的作用也不相同。在产业集群萌芽时期,没有形成产业集群内部知识交流平台、信任机制和惩罚机制,企业之间进行有限次数的合作博弈,虽然彼此都知道合作技术创新是帕累托最优策略,但为了防止竞争对手的不合作行为的发生,每个参与企业都会选择自己的占优策略,即不合作技术创新策略,此时产业集群中企业之间是不稳定的技术创新合作关系。在产业集群稳定时期,产业集群中各个企业之间的技术创新合作次数增多,各技术创新主体之间形成较密切的合作关系,产生合作的正向激励累积作用就会较大,此时,企业彼此倾向于技术创新合作,企业间的技术创新合作处于稳定状态。在产业集群成熟阶段,企业之间的技术创新合作界面较为完善,合作的企业间在资源、产品、信息等方面达成了一致的标准,形成了交流合作的渠道和媒介,并建立了完善的市场机制、法律法规等规则机制,技术创新主体间可以较为顺利的交流,企业间建立的技术创新合作关系也就比较稳定。

第三,在产业集群中存在着大量的流动知识,集群企业能够比较容易的获得这些外部知识,企业技术创新投入能够提高企业自身知识存量,同时也提高了企业吸收外部知识的能力,拥有较强的知识吸收能力的企业对识别并有效利用外部知识流动准备得更为充分。企业的技术创新知识吸收能力本身实际上就是一种竞争优势,企业进行技术创新能够开发和保持自己的竞争优势,企业维持自身竞争优势同时也取决于企业对技术创新成果的吸收转化能力。企业独特竞争力的创造与保持过程是一个技术创新、吸收知识、利用知识的过程,在这个过程中企业的技术创新成果吸收能力十分重要。如果企业的技术创新知识吸收能力较弱,企业学习吸收科技知识的速度相对较慢,那么将降低企业技术创新的投资回报率,企业可能丧失竞争力优势。

第四,产业集群和集群企业技术创新、知识溢出和知识积累的基础和动力是信任机制以及由此带来的合作性收益。在企业享受产业集群知识溢出带来的优势时,也会出现知识溢出的负效应,将会发生产业集群风险和企业风险,这些因素将直接影响着产业集群的健康发展。集群企业需要在信任的基础上培养企业"吸引—满足—保持"股东及顾客的能力,建立集群企业之间信息共享等积极的关系,促进企业实现更好的业绩。

第五,构建区域创新生态系统。重新给出了产业集群创新生态系统的定义,指出其具有创新生态位分离、系统边界的模糊性、系统动力的内部性、系统成员的多样性、优势物种的重要性、系统自组织等重要特征。并在与自然生态进行类比的基础上,构建了产业集群创新生态系统的"双钻石"空间结构框架模型,提出其创新种群主要有原始创新种群、技术创新种群、创新服务种群、创新投入种群和制度创新种群。

第六,分析区域创新生态系统的治理机制。构建了基于多中心治理理论的产业集群创新生态系统治理结构模型,然后指出产业集群创新生态系统的地方网络治理主体主要有地方企业、地方政府、中介组织、公共机构、金融机构、大学及科研院所等六种,并对它们在系统治理中的功能定位分别作了深入分析。分别从约束机制、激励机制和协调整合机制三方面来研究产业集群创新生态系统的地方网络治理机制。

第七,从知识溢出的角度分析区域产业集群风险以及集群企业的信誉风险,然后分析区域产业集群内部的信任机制,说明信任机制能够防范集群风险,是产业集群和集群企业产生和发展的重要的基础条件,接下来从区域集群信任机制的角度讨论集群风险的防范和产业集群中企业之间技术创新环境的构建。

本书综合运用生态学理论、协同理论、博弈论等理论和方法,系统研究了区域技术创新生态系统的结构、进化机制和治理机制,研究成果有利于进一步完善区域创新网络系统,提高区域的技术创新绩效;有利于进一步规范地方政府的行为,提高地方政府的区域治理能力;有利于丰富和完善创新管理理论,为制定科技创新管理政策提供参考。

参考文献

外文部分：

[1] Ades A. , Glaeser E. Evidence on Growth, Increasing Returns and the Extent of the Market [J]. Quarterly Journal of Economics, 1999, 114(3): 1025—1045.

[2]Agnieszka Chidlow, Laura Salciuviene, Stephen Young. Regional determinants of inward FDI distribution in Poland [J]. International Business Review, 2009, 18(2): 119—133.

[3]Alan Bevan, Saul Estrin, Klaus Meyer. Foreign investment location and institutional development in transition economies [J]. International Business Review, 2004, 13(1): 43—64.

[4]Alasdair Smith. Strategic investment, multinational corporations and trade policy [J]. European Economic Review, 1987, 31(1—2): 89—96.

[5]Amy Jocelyn Glass, Kamal Saggi. Licensing versus direct investment: implications for economic growth [J]. Journal of International Economics, 2002, 56(1): 131—153.

[6]Andrea Fosfuri, Massimo Motta, Thomas Rønde. Foreign direct investment and spillovers through workers' mobility [J]. Journal of International Economics, 2001, 53(1): 205—222.

[7] Andrea Fosfuri. Patent protection, imitation and the mode of technology transfer [J]. International Journal of Industrial Organization, 2000, 18(7): 1129—1149.

[8] Andreas Haufler, Ian Wooton. Country size and tax competition for foreign direct investment [J]. Journal of Public Economics, 1999, 71(1): 121—139.

[9]Anselin L. , varga, A. , Z. J. Acs. Local geographic spillovers between university research and high technology innovations [J]. Journal of Urban Economics, 1997, 42: 422—448.

[10]Antonio Majocchi, Manuela Presutti. Industrial clusters, entrepreneurial culture and the social environment: The effects on FDI distribution [J]. International Business Review, 2009, 18(1): 76—88.

[11]Arijit Mukherjee, Enrico Pennings. Tariffs, licensing and market structure [J]. European Economic Review, 2006, 50 (7): 1699—1707.

[12]Aristidis Bitzeni, Antonis Tsitouras, Vasileios A. Vlachos. Decisive FDI Obstacles as an Explanatory Reason for Limited FDI Inflows in an EMU Member State: The Case of Greece [J]. Journal of Socio-Economics, 2009, 38(4): 691—704.

[13]Avinash K. Dixit & Joseph E. Stiglitz. Monopolistic Competition and Optimum Product Diversity [J]. American Economic Review, 1977, 6: 297—308.

[14]Acs, Z. , 2002. Innovation and the Growth of Cities. Edward Elgar, Cheltenham.

[15]Alchian, A. A. Uncertainty, evolution and economic theory. Journal of Political Economy[J], 1957,58: 211—221.

[16]Amin, A. , Cohendet, P. , 2004. Architectures of knowledge. In: Firms, Capabilities and Communities. Oxford University Press, Oxford.

[17]Andersen, P. H. , & Kumar, R. Emotions, trust and relationship development in business relationships: A conceptual model for buyer-seller dyads[J]. Industrial Marketing Management,2006, 35(4): 522—535.

[18]Anselin L, varga, A. and Z. J. Acs. Local geographic spillovers between university research and high technology inno-

vations[J]. Journal of Urban Economics，1997，42：422—448.

[19]Arita，T.，McCann，P.，2004. Industrial clusters and regional development：a transactions costs perspective on the semiconductor industry. In：de Groot，H. L. F.，Nijkamp，P.，Stough，R. R. （Eds.），Entrepreneurship and Regional Economic Development：A Spatial Perspective. Cheltenham，Edward Elgar.

[20]Arita，T.，McCann，P. The spatial and hierarchical organization of Japanese and US multinational semiconductor firms[J]. Journal of International Management，2002a，8（1）：121—139.

[21]Arita，T.，McCann，P.，2002b. The relationship between the spatial and hierarchical organization of multiplant firms；observations from the global semiconductor industry. In：McCann，P. （Ed.），Industrial Location Economics. Edward Elgar，Cheltenham.

[22]Arora，A.，Gambardella，A. The changing technology of technological change：general and abstract knowledge and the division of innovative labour[J]. Research Policy，1994，23：523—532.

[23]Arino，A.，de la Torre，J.，& Ring，P. S. Relational quality：Managing trust in corporate alliances[J]. California Management Review，2001，44(1)：109—131.

[24]Arrow K，The Economic Implications of learning by doing[J]. Review of Economics Studies，vol，1962，29.

[25]Atkins，D.，Bates，I.，& Drennan，L. Reputational risk：A question of trust[M]. London：Lesson Professional Publishing，2006.

[26]Audretsch，D. B. Technological regimes，industrial demography and the evolution of industrial structures[J]. Industrial and Corporate Change，1997，6（1）：49—82.

［27］Audretsch, D. B. Agglomeration and the location of innovative activity［J］. Oxford Review of Economic Policy, 1998, 14 (2):18—29.

［28］Audretsch, D. B. , Feldman, M. P. Knowledge spillovers and the geography of innovation and production［J］. American Economic Review, 1996,86 (3):630—640.

［29］Autant-Bernard, C. , Mangematin, V. ,Massard, N. , 2003. Creation and growth of high-tech SMEs: the role of the local environment. In: Leage-Hellman, J. , McKelvey, M. , Rickne, A. (Eds.), The Economic Dynamics of Biotechnology: Europe and Global Trends. Edward Elgar, Aldershot.

［30］Audretsch, D. , Feldman, M. P. , 2004. Knowledge spillovers and the geography of innovation. In: Henderson, J. V. , Thisse,J. -F. (Eds.), Handbook of Urban and Regional Economics, vol. 4. Elsevier, North Holland.

［31］Abdel-Rahman, H. , Anas, A. , 2004. Theories of systems of cities. In: Henderson, J. V. , Thisse, J. -F. (Eds.), Handbook of Urban and Regional Economics. Cities and Geography, 4. Elsevier, North Holland.

［32］Babbar, S. , Rai, A. Competitive intelligence for international business［J］. Long Range Planning,1993,26(3): 103—113.

［33］Bala, V. , Goyal, S. A noncooperative model of network formation［J］. Econometrica, 2000,68:1181—1239.

［34］Berliant, M. , Fujita, M. , 2008. "The Dynamics of Knowledge Diversity and Economic Growth",MPRA pp. 9516, University library of Munich,Germany.

［35］Black, D. , Henderson, J. V. A theory of urban growth ［J］. Journal of Political Economy, 1999,107:252—284.

［36］Boschma, R. A. ,Wenting, R. , 2005. The spatial evolution of the British automobile industry. Does location matter?

Utrecht University Working Paper, Utrecht.

[37]Breschi, S., Lissoni, F. Knowledge spillovers and local innovation systems: a critical survey[J]. Industrial and Corporate Change, 2001,10(4): 975—1005.

[38]Brown, S. A., 1997. Knowledge, communication, and progressive use of information technology. Ph. D. Dissertation. University of Minnesota.

[39]Breschi,S. and F. Lissoni. Knowledge spillovers and local innovation systems:a critical survey[J]. Industrial and Corporate Change,2001,10(4):975—1005.

[40]Brett Anitra Gilbert, Patricia P. McDougall and David B. Audretsch,Clusters, knowledge spillovers and new venture performance: An empirical examination [J]. Journal of Business Venturing,Volume 23, Issue 4, July 2008: 405—422.

[41]Barrell, R., N. Pain. Domestic Institutions, Agglomerations and FDI in Europe [J]. European Economic Review, 1999(43): 925—934.

[42]Bénassy-Quéré, A., Fontagné, L., Lahrèche-Révil, A. How does FDI react to corporate taxation [J]. International Tax Public Finance , 2005, 12 (5): 583—603.

[43]Black, D. A., Hoyt, W. E. Bidding for firms. American Economic Review [J]. 1989, 79(1): 1249—1256.

[44]Brander, J. A., Krugman, P. A "reciprocal dumping" model of international trade [J]. Journal of International Economics, 1983, 15: 313—323.

[45]Breschi, S., F. Lissoni. Knowledge spillovers and local innovation systems: a critical survey [J]. Industrial and Corporate Change, 2001, 10(4): 975—1005.

[46]Brett Anitra Gilbert, Patricia P. McDougall, David B. Audretsch, Clusters, knowledge spillovers and new venture per-

formance: An empirical examination [J]. Journal of Business Venturing, 2008, 23(4): 405—422.

[47]Bucovetsky, S. Asymmetric tax competition [J]. Journal of Urban Economics, 1991, 30(2): 167—181.

[48]C. Keith Head, John C. Ries, Deborah L. Swenson. Attracting foreign manufacturing: Investment promotion and agglomeration [J]. Regional Science and Urban Economics, 1999, 29(2): 197—218.

[49]Carr D. L. Markusen J. R. Marskus K. E. Eastimating the knowledge-capital model of the multinational enterprise [J]. Amercian Economic Review, 2001, 91(3): 693—708.

[50]Céline Azémar, Andrew Delios. Tax competition and FDI: The special case of developing countries [J]. Journal of the Japanese and International Economies, 2008, 22(1): 85—108.

[51]Chiara Fumagalli. On the welfare effects of competition for foreign direct investments [J]. European Economic Review, 2003, 47(6): 963—983.

[52]Chun-Chien KUO, Chih-Hai YANG. Knowledge capital and spillover on regional economic growth: Evidence from China [J]. China Economic Review, 2008, 19(4): 594—604.

[53]Chyau Tuan, Linda F. Y. Ng. FDI facilitated by agglomeration economies: evidence from manufacturing and services joint ventures in China ⌊J⌋. Journal of Asian Economics, 2003, 13(6): 749—765.

[54]Chyau Tuan, Linda F. Y. Ng. Manufacturing agglomeration as incentives to Asian FDI in China after WTO [J]. Journal of Asian Economics, 2004, 15(4): 673—693.

[55]Chyau Tuan, Linda F. Y. Ng, Bo Zhao. China's post-economic reform growth: The role of FDI and productivity progress [J]. Journal of Asian Economics, 2009, 20(3): 280—293.

[56] Calantone, R. J., Cavusgil, S. T., & Zhao, Y. Learning orientation, firm innovation capability, and firm performance[J]. Industrial Marketing Management, 2002, 31(6): 515—524.

[57] Caniels, M. C. J. Knowledge Spillovers and Economic Growth: Regional Growth Differentials Across Europe [M]. Edward Elgar, Cheltenham, 2000.

[58] Cantwell, J. A., Piscitello, L., 2005. Competence-creating versus competence-exploiting activities of foreign-owned MNCs: how interaction with local networks affects their location. Rutgers Business School, Working Paper.

[59] Cantwell, J. A., Iammarino, S., 2003. Multinational Corporations and European Regional Systems of Innovation. Routledge, London and New York.

[60] Cantwell, J. A., Santangelo, G. D. The frontier of international technology networks: sourcing abroad the most highly tacit capabilities[J]. Information Economics and Policy, 1999, 11:101—123.

[61] Carlino, G., Hunt, R., Chatterjee, S., 2006. Urban density and the rate of invention. Philadelphia Federal Reserve Bank Working Paper, vol. 06—14.

[62] Cassar, A. and Nicolini, R. "Spillovers and Growth in a local Interaction Model"[J]. Annual of Reginal Science, 2008, 42: 291—306.

[63] Chun-Chien KUO and Chih-Hai YANG, Knowledge capital and spillover on regional economic growth: Evidence from China [J]. China Economic Review, Article in Press, Corrected Proof-Note to users.

[64] Ciccone, A., Hall, R. Productivity and the density of economic activity[J]. American Economic Review, 1996, 86:54—70.

[65]Ciccone, A., Peri, G.. Identifying human capital externalities: Theory with applications[J]. Review of Economic Studies, 2006,73:381—412.

[66]Cockburn, I., Henderson, R. Absorptive capacity, co-authoring behavior, and the organization of research in drug discovery[J]. The Journal of Industrial Economics, 1998,46(2): 157—183.

[67]Cohen, W., Nelson, R., Walsh, J., 2000. Protecting their intellectual assets: Appropriability conditions and why US manufacturing firms patent (or not). NBER Working Paper # 7552. NBER. Cambridge, MA.

[68]Cohen, W., Levinthal, D. Innovation and learning: the two faces of R&D[J]. Economic Journal, 1989,99: 569—596.

[69]Cohen, W. M., Levinthal, D. A. Absorptive capacity: a new perspective on learning and innovation[J]. Administrative Science Quarterly, 1990,35(1): 128—152.

[70]Cohen, W. M., Levinthal, D. A. Fortune favors the prepared firm[J]. Management Science, 1994,40 (2): 227—251.

[71] Connell, J., & Voola, R. Strategic alliances and knowledge sharing: Synergies or silos[J]. Journal of Knowledge Management,2007, 11(3): 52—66.

[72]Czamanski, S., & Ablas, L. A. Identification of industrial clusters and complexes: a comparison of methods and findings[J]. Urban Studies,1979, 16(1): 61—80.

[73]D'Aspremont, C., Bhattacharya, S., Gerard-Varet, L.-A. Knowledge as a public good: efficient sharing and incentives for development effort[J]. Journal of Mathematical Economics, 1998,30 (4): 389—404.

[74]Das, T. K., & Teng, B. S. Trust, control, and risk in strategic alliances: An integrated framework[J]. Organiza-

tional Studies,2001, 22(2): 251—283.

[75] David B. Audretsch and Max Keilbach, Resolving the knowledge paradox: Knowledge-spillover entrepreneurship and economic growth [J]. Research Policy, Volume 37, Issue 10, December 2008:1697—1705.

[76]Davis, J. H. , Schoorman, F. D. , Mayer, R. C. , Tan, H. H. The trusted general manager and business unit performance: empirical evidence of competitive advantage[J]. Strategic Management Journal, 2000,21 (5): 563—576.

[77]Duranton, G. , Puga, D. Nursery cities: Urban diversity process innovation, and the life cycle of products[J]. American Economic Review, 2000,91:1454—1477.

[78]Duranton, G. , Puga, D. , 2004. Microfoundations of urban agglomeration economies. In: Henderson, J. V. , Thisse, J. -F. (Eds.), Handbook of Urban and Regional Economics, vol. 4. Elsevier, North Holland.

[79]Duranton, G. Urban evolution: the fast, the slow, and the still[J]. American Economic Review, 2007,97:197—221.

[80]Duranton, G. , Charlot, S. Cities and workplace communications: Some quantitative French evidence [J]. Urban Studies, 2006,43: 1365—1394.

[81] David B. Audretsch, Max Keilbach. Resolving the knowledge paradox: Knowledge-spillover entrepreneurship and economic growth [J]. Research Policy, 2008, 37(10): 1697—1705.

[82] David Wheeler, Ashoka Mody. International investment location decisions: The case of U. S. firms [J]. Journal of International Economics, 1992, 33(1—2): 57—76.

[83]DeCoster Gregory P. , Strange William C. Spurious agglomeration [J]. Journal of Urban Economics, 1993, 33(3): 273—304.

[84]Doyle,C. , van Wijnbergen,S. Taxation of foreign multinationals: a sequential bargaining approach to tax holidays [J]. International Tax and Public Finance, 1994, 1(1): 211—225.

[85]E. Young Song. Voluntary export restraints and strategic technology transfers [J]. Journal of International Economics, 1996, 40(1—2): 165—186.

[86]Effie Kesidou, Henny Romijn. Do Local Knowledge Spillovers Matter for Development? An Empirical Study of Uruguay's Software Cluster [J]. World Development, 2008, 36 (10): 2004—2028.

[87]Ekrem Tatoglu, Keith W. Glaister. An analysis of motives for western FDI in Turkey [J]. International Business Review, 1998, 7(2): 203—230.

[88]Ekrem Tatoglu, Keith W. Glaister. Performance of international joint ventures in Turkey: perspectives of Western firms and Turkish firms [J]. International Business Review, 1998, 7(6): 635—656.

[89]Elhanan Helpman. International trade in the presence of product differentiation, economies of scale and monopolistic competition: A Chamberlin-Heckscher-Ohlin approach[J]. Journal of International Economics, 1981, 11(3): 305—340.

[90]Elhanan Helpman. Variable returns to scale and international trade: Two generalizations [J]. Economics Letters, 1983, 11(1—2): 167—174.

[91]Elhanan Helpman, Assaf Razin. Increasing returns, monopolistic competition, and factor movements : A welfare analysis [J]. Journal of International Economics, 1983, 14(3—4): 263—276.

[92]Facundo Albornoz, Gregory Corcos, Toby Kendall. Subsidy competition and the mode of FDI [J] . Regional Science

and Urban Economics, 2009, 39(4): 489－501.

[93]Effie Kesidou and Henny Romijn, Do Local Knowledge Spillovers Matter for Development? An Empirical Study of Uruguay's Software Cluster[J]. World Development, 2008, 36(10): 2004－2028.

[94]Enke, M. , & Greschuchna, L. ,2007. How to initiate trust in business relationships? Theoretical framework and empirical investigation. Academy Marketing Science Congress Proceedings Italy: Verona.

[95]Ettlie, J. E. , 2000. Managing Technological Innovation. John Wiley & Sons, New York.

[96]ADNER R. Match your innovation strategy to your Innovation Ecosystem[J]. Harvard Business Review, 2006, 84(4): 98.

[97]M. E. Porter. The Competitive Advantage of Nations [J]. Free Press, 1998(1):65－178.

[98]Porter, M. E. Clusters and New Economics of Competition [J]. Harvard Business Review, 1998: 16－24.

[99]Porter, M. E. Location, Competition, and Economic Development: local Clusters in a Global Economy [J]. Economic Development Quarterly, 2000, 14:15－35.

[100] United Nations Industrial Development Organization. SME cluster and network development in developing countries [R]. The Experience of UNIDO, Vienna: UNIDO, 1998: 75－78.

[101] OECD. Boosting innovation: cluster approach[J]. Paris,OECD,1999:91－93.

[102]Jorg Meyer-stamer. Path dependence in regional development: persistence and changes in threeindustrial clusters in SantaCatarina,Brazil[J]. World development,1998, 8:1495－1511.

[103]Cooke,P. ,Heidenreich,M. Regional Innovation Systems-the Role of Governances in a Governances in a Globalized World[M]. London：UCL Press，1998；109－115.

[104]Nicholas, C. and Anthony, A. J. Globalization in history：A geographical perspective[J]. CEPR Discussion Paper，2001；19－24.

[105] Machiel，V and Nowalor，O. Technological regimes and industrial dynamics：the evidence from Dutch manufacturing [J]. Industrial and Corporate Change,2000,9(2)：173－194.

[106]Canines, C. J. , Romijn, H. A. Firm-level knowledge accumulation and regional dynamics [J]. Industrial and Corporate Change, 2000, 9(4)：76－79.

[107] Scott，A . New Industrial Space [M]. London：Pion. ,1988：213－235

[108]Scott, A. J. Regions and the World Economy[M]. Oxford：Oxford University Press,1988：56－73.

中文部分：

[1](英)阿瑟·庇古. 福利经济学[M].台北：台湾银行经济研究室,1971.

[2](英)亚当·斯密.国民财富的性质和原因的研究[M].北京：商务印书馆,1965.

[3](美)波特.国家竞争优势[M].北京：华夏出版社,2002.

[4](美)彼得·德鲁克；刘毓玲译.21世纪的管理挑战[M].北京：生活·读书·新知三联书店,2003.

[5](美)彼得·德鲁克等.知识管理[M].北京：中国人民大学出版社,哈佛商学院出版社,1999.

[6](美)伯纳德·鲍莫尔著；方齐云译.经济学：原理与政策[M].北京：北京大学出版社,2006.

[7](美)保罗·克鲁格曼.发展、地理学与经济理论[M].北京：北京大学出版社,中国人民大学出版社,2002.

[8]（美）保罗·克鲁格曼.地理与贸易[M].北京:北京大学出版社,中国人民大学出版社,2000.

[9]（美）保罗·萨缪尔森.经济学[M].北京:华夏出版社,1992.

[10]储节旺.知识管理概论[M].北京:清华大学出版社,2005.

[11]（美）蒂瓦纳著;徐丽娟译.知识管理精要:知识型客户关系管理[M].北京:电子工业出版社,2002.

[12]付跃龙.产业集群中的技术溢出路径[J].武汉理工大学学报,2006,28(3):126-128.

[13]（美）戈登·塔洛克.对寻租活动的经济学分析[M].成都:西南财经大学出版社,2000.

[14]高闯.高科技企业集群治理结构及其演进机理[M].北京:经济管理出版社,2008.

[15]韩伯棠,艾凤义.不对称条件下双寡头横向 R&D 合作[J].现代管理科学,2004,(2):3-4.

[16]（美）胡佛.区域经济导论[M].北京:商务印书馆,1990.

[17]（美）科尔曼.社会理论基础[M].北京:社会科学文献出版社,1990.

[18]鲁文龙,陈宏民.R&D 合作与政府最优政策博弈分析[J].中国管理科学,2003,11:60-62.

[19]（美）迈克尔·波特著;郑海燕译.族群与新竞争经济学[J].经济社会体制比较,2000.

[20]（英）波兰尼.个人知识:迈向后批判哲学[M].贵阳:贵州人民出版社,2000.

[21]马中东著.分工视角下的产业集群形成与演化研究[M].北京:人民出版社,2008.

[22]（英）乔治·马歇尔著;廉运杰译.经济学原理[M].北京:华夏出版社,2005.

[23]（美）乔治·泰奇.研究与开发政策的经济学[M].北京:

清华大学出版社,2002.

[24]仇保兴,小企业集群研究[M].上海:复旦大学出版社,1999.

[25]仇保兴.发展小企业集群要避免的陷阱——过度竞争所致的"柠檬市场"[J].北京大学学报(哲社版),1999(1):25-29.

[26]任忠贤,王建彬著.知识管理的策略与务实[M].北京:中国纺织出版社,2003.

[27]任志安.企业知识共享网络理论及其治理研究[M].北京:中国社会科学出版社,2008.

[28]王清晓.跨国公司知识管理:理论与实证研究[M].北京:经济管理出版社,2007.

[29]王玉灵.技术创新成果溢出的分析研究[J].中国软科学,2001,8:53-56.

[30]王辑慈.关于中国产业集群研究的若干概念辨析[J].地理学报,2004(10):47-52.

[31](美)威廉姆森.资本主义经济制度:论企业签约与市场签约[M].北京:商务印书馆,2003.

[32]魏后凯.我国产业集聚的特点、存在问题及对策[J].经济学动态,2004(9).

[33](德)韦伯著;李刚剑等译.工业区位论[M].北京:商务印书馆,1997.

[34]吴晓颖.基于博弈论的知识溢出效应解构及约束机制[J].情报杂志,2008(1):35-38.

[35]吴玉鸣.中国区域技术创新、知识溢出与创新的空间计量经济研究[M].北京:人民出版社,2007.

[36]谢富纪.知识,知识流与知识溢出的经济学分析[J].同济大学学报(社会科学版),2001(2):54-57.

[37](美)约瑟夫·E·斯蒂格利茨.政府为什么干预经济[M].北京:中国物资出版社,1998.

[38](日)野中郁次郎,竹内广隆.创造知识的公司:日本公司

是如何建立创新动力学的[M].北京:科学技术部国际合作司,1999.

[39](日)野中郁次郎.知识创造的公司[J].南开管理评论,1998（2）:14—21.

[40]朱美光.空间知识溢出与中国区域经济协调发展[M].郑州:郑州大学出版社,2007.

[41]安虎森.欠发达地区工业化所需最小市场规模[J].广东社会科学,2006(6):5—11.

[42]安礼伟,李锋,赵曙东.长三角5城市企业商务成本比较研究[J].管理世界,2004(8):28—36.

[43]奥古斯特·勒施.经济空间秩序——经济财货与地理间的关系[M].北京:商务印书馆,1998.

[44]奥古斯托·洛佩兹-克拉罗斯,迈克尔·E·波特,克劳斯·施瓦布著;锁箭等译.2006—2007全球竞争力报告——创造良好的企业环境[M].北京:经济管理出版社,2007.

[45]鲍新仁,孙明贵.企业商务成本变动与长三角经济发展[J].浙江学刊,2007(4):165—168.

[46]伯尔蒂尔·奥林.地区间贸易和国际贸易[M].北京:商务印书馆,1986:382—391.

[47]毕子明.商务成本增加对区域经济发展的影响[J].长江论坛,2003(4):40—42.

[48]陈建军,郑瑶.长江三角洲地区城市群企业商务成本比较研究——以杭,沪,嘉,甬,苏为例[J].上海经济研究,2004(12):34—41.

[49]陈珂,陈炜.企业商务成本的构成及其评价问题的研究[J].价值工程,2005(5):91—93.

[50]傅钧文,金芳,屠启宇.北京,上海,深圳三地企业商务成本比较研究[J].社会科学,2003(5):14—18.

[51]高闯.高科技企业集群治理结构及其演进机理[M].北京:经济管理出版社,2008.

[52]高汝熹，张建华. 沪深苏三市投资环境比较［J］. 上海经济研究，2003(2)：3—10.

[53]官建成，何颖. 基于 DEA 方法的区域技术创新系统的评价［J］. 科学学研究，2005(2)：265—272.

[54]黄玖立，黄俊立. 市场规模与中国省区的产业增长［J］. 经济学季刊，2008，7(4)：1317—1334.

[55]黄玖立，李坤望. 出口开放、地区市场规模和经济增长［J］. 经济研究，2006(6)：27—38.

[56]黄志启，张光辉. 产业集群中知识溢出：一个研究述评［J］. 未来与发展，2009(10)：26—32.

[57]侯晓辉，范红忠. 城乡收入差距、市场规模与 FDI 的区位选择［J］. 华中科技大学学报(社科版)，2007，4：71—75.

[58]胡大立. 中国区域经济发展差距与民营经济发展差距的相关性分析［J］. 上海经济研究，2006(2)：17—25.

[59] 鲁明泓. 外国直接投资区域分布与中国投资环境评估［J］. 经济研究，1997，12:25—34.

[60] 江静，刘志彪. 企业商务成本：长三角产业分布新格局的决定因素考察［J］. 上海经济研究，2006 (11)：87—95.

[61] 昝国江，安树伟，王瑞娟. 西部中心城市工业发展中企业商务成本的判断与控制——以西安市为例［J］. 经济问题探索，2007(8)：158—162.

[62] 赖涪林，吴方卫. 日本东京圈的企业商务成本［J］. 现代日本经济，2005(2)：46—51.

[63]李锋，安礼伟，赵曙东. 商务成本比较与区域发展战略选择［J］. 南京社会科学，2003 (S2)：472—476.

[64]李锋，赵曙东，安礼伟. 集聚经济，企业商务成本与 FDI 的流入：理论分析与来自长江三角洲地区的经验证据［J］. 南京社会科学，2004(5)：12—17.

[65]李品媛. 大连开发区企业商务成本满意度调查的实证分析［J］. 社会科学辑刊，2006(4)：120—124.

269

[66]梁琦,刘厚俊. 空间经济学的渊源与发展 [J]. 江苏社会科学,2002(6)：61—66.

[67]梁琦. 比较优势说之反例的批评[EB/OL]. http：//www. cenet. org. cn/article. asp? articleid=8536,2003—02—16.

[68]梁琦. 空间经济学：过去、现在与未来 [J]. 经济学(季刊),2005,4(4)：1067—1085.

[69]凌定胜,王春彦,孙明贵."长三角"企业商务成本的变动趋势与比较研究 [J]. 生产力研究,2008(14)：74—82.

[70]刘凤根. FDI 投资区位的决定因素的实证研究——来自中国对外直接投资的经验数据[J]. 科学决策,2009,7：1—8.

[71]刘瑞明,白永秀. 资源诅咒：一个新兴古典经济学框架[J]. 当代经济科学,2008(1)：106—111.

[72]刘顺忠,官建成. 区域技术创新系统技术创新绩效的评价 [J]. 中国管理科学,2002(1)：75—78.

[73]刘斯敖. 城市商务环境评价模型及其实证分析 [J]. 北方经济,2008(6)：39—40.

[74]鲁明泓. 制度因素与国际直接投资区位分布：一项实证研究 [J]. 经济研究,1999(7)：25—34.

[75]潘飞,张川. 中心城市企业商务成本比较分析——一个国际视角 [J]. 上海财经大学学报,2006 (6)：78—83.

[76]潘镇. 外商直接投资的区位选择：一般性、异质性和有效性[J]. 中国软科学,2005(7)：100—108.

[77]钱运春. 长江三角洲外资空间演进对城市群发展的推动机制[J]. 世界经济研究,2006 (10)：70—74.

[78]邵帅,齐中英. 西部地区的能源开发与经济增长——基于"资源诅咒"假说的实证分析 [J]. 经济研究,2008(4)：147—160.

[79]施放,莫琳娜,孙江丽. 关于降低城市商务运行成本的对策研究 [J]. 软科学,2006(3)：86—88.

[80]唐茂华,陈柳钦. 从区位选择到空间集聚的逻辑演绎[J]. 财经科学,2007(3)：62—68.

[81]藤田昌久. 集聚经济学 [M]. 北京：商务印书馆，1986：34—335.

[82]藤田昌久，雅克-弗朗克斯·蒂斯著；刘峰，张雁，陈海威译. 集聚经济学 [M]. 成都：西南财经大学出版社，2004.

[83]藤田昌久，保罗·克鲁格曼，安东尼·J·维纳布尔斯著；梁琦主译. 空间经济学：城市、区域与国际贸易 [M]. 北京：中国人民大学出版社，2005.

[84]沃尔特·克里斯塔勒. 德国南部中心地原理 [M]. 北京：商务印书馆，1998.

[85]王春彦，居新平，孙明贵. 上海市企业商务成本构成因素及趋势分析 [J]. 华东经济管理，2007（6）：4—10.

[86]王洛林. 2000 年中国外商投资报告 [M]. 北京：中国财政经济出版社，2000.

[87]王志雄. 区域企业商务成本分析 [J]. 上海经济研究，2004（7）：65—70.

[88]魏后凯，贺灿飞，王新. 外商在华直接投资动机与区位因素分析——对秦皇岛市外商直接投资的实证研究 [J]. 经济研究，2001（2）：67—76.

[89]威廉·阿隆索. 区位和土地利用 [M]. 北京：商务印书馆，2007.

[90]马若锦. 亚洲开发银行关于我国西部地区利用外资的报告[R]. 北京，2003（10）.

[91]杨晔. 中国区域投资环境评价指标体系建立与应用 [J]. 经济问题，2008（7）：97—101.

[92]郁明华，李廉水，陈抗. 基于城市与企业间动态博弈的城市企业商务成本研究 [J]. 中国软科学，2006（7）：105—112.

[93]约翰·冯·杜能. 孤立国同农业和国民经济的关系 [M]. 北京：商务印书馆，1993.

[94]约翰·伊特韦尔等著；陈岱孙译. 新帕尔格雷夫经济学大辞典（第三卷）[K]. 北京：经济科学出版社，1996：151—153.

[95]张光辉，黄志启.企业商务成本与区域经济增长：一个研究述评[J].未来与发展，2009(10)：71—75.

[96]张光辉，黄志启.商务成本、区位选择、集聚的自我强化研究[J].生产力研究，2009(10)：28—29.

[97]张光辉，黄志启.政策激励对资本的区位选择和福利影响的研究[J].预测，2010(3)：1—5.

[98]郑政秉，林智杰.制造业海外直接投资区位选择的决定因素探讨[J].产业经济研究，2003，6：34—45.

[99]王辑慈.创新的空间企业集群与区域发展[M].北京：北京大学出版社，2003：145—152.

[100]金吾伦，李敬德.鼎力打造首都创新生态系统[J].前线，2006，10：15—17.

[101]任道纹.国外中小企业集群创新网络理论研究和启示[J].商业研究，2007(9)：77—80.

[102]刘友金.关于集群创新优势的研究及其启示[J].经济学动态，2003(2)：78—80.

[103]林竞君.嵌入性、社会网络与产业集群：一个新经济社会学的视角[J].经济经纬，2004(5)：45—48.

[104]汪安佑，高沫丽，郭琳.产业集群创新IO要素模型与案例分析[J].经济与管理研究，2008(4)：18—22.

[105]魏江.小企业集群创新网络的知识溢出效应分析[J].科研管理，2003，24(4)：54—60.

[106]魏旭，张艳.知识分工、社会资本与集群式创新网络的演化[J].当代经济研究，2006(10)：24—27.

[107]池仁勇，陈宝峰，杨霞.创新网络的功能：基于绍兴纺织小企业集群的实证研究[J].技术经济，2005(6)：18—20.

[108]蔡宁，吴结兵.产业集群的网络式创新能力及其学习机制[J].科研管理，2005(4)：22—28.

[109]黄中伟.产业集群的网络创新机制和绩效[J].经济地理，2007(1)：45—48.

[110]杨慧.产业集群治理研究述评[J].生产力研究,2007(1)：148－150.

[111]黄喜忠,杨建梅.集群治理的一般性研究[J].科技管理研究,2006(10)：51－54.

[112]刘冰,高闯.组织信息体制、制度化关联与高技术企业集群治理效率[J].中国工业经济,2006(3)：21－28.

[113]张利飞.高科技产业创新生态系统耦合理论综评[J].研究与发展管理,2009,6(3):70－73.

[114]张运生.高科技企业创新生态系统边界与结构解析[J].软科学,2008,11(11):96－102.

[115]刘友金.论集成式创新的组织模式[J].中国软科学,2002(2)：71－75.

[116]石新江.创新生态系统:IBM Inside[J].商业评论,2006(8)：60－65.

[117]张运生.高科技企业创新生态系统风险产生机理探究[J].科学学研究,2009,6(6):925－930.

[118]张运生.高科技企业创新生态系统风险识别与控制研究[J].财经理论与实践,2008(5):113－116.

[119]张运生,郑航.高科技企业创新生态系统风险评价研究[J].科技管理研究,2009(7):7－10.

后 记

　　二十多年前本人为了及早跳出农门而略带遗憾地选择了上中专学校。有遗憾的人生是不完美的。为了人生不留遗憾和实现自己的梦想，我一直走在求学的路上，专科、本科、硕士直到博士，这一走就是十几年，当然，这一历程中也充满了酸、甜、苦、辣。一路走来，离不开众多人的关心、支持和帮助。首先是感谢我的博士生导师王正斌教授，在读博士期间，老师对于我的请教，有求必应，使我收获很多，本著作也是在我博士论文基础之上完成的。特别感谢赵景峰教授的诸多帮助和热心指导，他不断地督促我追求进步。另外，还有华北水利水电大学管理与经济学院的各位领导和老师，工作和生活都离不开他们的关心和鼓励。文中参考了许多同行的研究成果，在此一并致以深深的谢意！最后，就是感谢一直默默给予我关心和支持的家人，上至父母，妻子兄弟，下及孩子。他们永远是我不断前进的动力和最后的归宿。

　　谨以此，感谢他们。

黄志启于华北水利水电大学
2016 年 12 月 22 日